JN247862

WOODAP
ウーダップ
上下水道の未来への処方箋

メタウォーター株式会社 代表取締役社長
中村靖
NAKAMURA YASUSHI

幻冬舎 MC

WOODAP（ウーダップ）
～上下水道の未来への処方箋～

はじめに

我が国はすでに高度成長期を終え、社会インフラは「〝建設の時代〟から〝持続の時代〟へ向かっている」と言われます。さて、「〝建設の時代〟から〝持続の時代〟へ向かう」とは、どういうことなのでしょう。

社会インフラの建設はやりがいのある仕事です。巨大な施設が目の前で徐々にできあがるのを見るのは実にワクワクしますし、市民の皆様から感謝をされることも少なくありません。東南アジアやアフリカで社会インフラの建設という大きな仕事を夢見る若者も多いと思います。一方で、社会インフラを持続＝運営・維持管理していくのは地味な作業の積み重ねです。できて当たり前、少しのミスが大きな事故につながりかねない……そんな仕事を自分の仕事にしようとする若者はそれほど多くはありません。では、どうやって若者にこの仕事を選んでもらい、モチベーションを保ってもらえるようにするのか？　これこそが〝建設の時代〟から〝持続の時代〟へ向かう日本の抱える大きな課題です。

人口5万人以下の自治体は全国で約7割ありますが、そこで水道を運営・維持管理している自治体の事業体職員はそれぞれ5人以下だといわれています。下水道を運営・維持管理している自治体職員はもっと少ないはずです。そのような状態にもかかわらず、水道・下水道事業体職員（以下、上下水道職員）の方々の献身的な努力と我々のような民間企業との役割分担により上下水道は持続されています。これがほとんど報道されない真実です。〝カネ〟の話は確かに大事ですが〝ヒト〟の話はもっと大事です。「民営化なのか？」「公営化なのか？」を議論する前に「運営・維持管理する〝ヒト〟をどうやって絶やさず育てていくのか？」、それを議論しなければなりません。そのためには、上下水道の運営・維持管理という仕事がクリエイティブでエキサイティングなとても魅力のある仕事であることを伝えなければなりません。

人口減少により自治体の収入が減少していく中、お金の問題をお金で解決しようというのは難しいアプローチです。「お金がない」、「どのくらいないのか？」、「それを調べるお金もない」という状況なのです。では、どうやって解決すればいいのでしょうか？

お金がないなら知恵を出す。みんなで知恵を出し合って解決するしかありません。従来から問題解決のための手法としてPDCAサイクルがあります。計画を起点に実行していく中で問題点を洗い出し改善していく、非常に合理的で応用範囲の広い改善手法です。上下水道という社会インフラを持続するにもPDCAサイクルは重要です。ただ、サイクルを一周させるには時間がかかりますし、全体の運営が計画部門に任せきりになって現場と本社（本部）に溝が生まれるという弱点もあります。

最近になって、それに代わるOODA（ウーダ）ループという手法が注目を浴びています。OODAループは現場の観察からスタートします。トコトン観察して（Observe）、状況を見極めて対策の方向性を導き（Orient）、素早く判断して（Decide）、実行する（Act）という手法です。もともとOODAループは戦時、特に最前線での戦い方ですから、敵より多くの情報を素早く得た方が勝つという経験則から生まれたものだと理解できます。上下水道事業でも激甚災害の発生時などの非常時では、本部の了承を都度得てから行動していては対応がまったく遅れてしまいます。その意味でOODAループもまた重要な手法だといえます。

我々が考える〝WOODAP（ウーダップ）〟は、W＋OODA＋Pです。Wは水の（Water）だけでなく知恵（Wisdom）や工夫を意味しています。お金がないことへの対策としてまず知恵が重要なのです。そして、Pは準備（Preparation）です。わかりやすい〝明確な目標〟の達成に向けて備えることです。〝WOODAP〟では〝明確な目標〟を〝タイムライン〟と呼んでいます。知恵と準備でサンドイッチしたOODAこそが目指すところです。明確な目標を設定して、その目標を達成するためにはどうしたらいいのか、みんなで知恵を出し合い、いざとなった時に現場が正確な判断を行えるように準備をすることです。別の見方をすれば、〝WOODAP〟はPDCAサイクルとOODAループの2つをつなぐことを目指しているともいえます。

2018年12月の水道法改正案可決に際して反対意見が数多くあがりました。選択肢を増やそうとする法改正の何に反対なのか、今も分からないでいます。さらに、民間企業はすべて悪者であるかのように「民間企業に任せると水質は悪化し、料金はドンドン上がってしまう」「災害時の対応ができない」、事業環境が異なる海外事例が参考にされて、そんな評価まで生まれました。少ない予算と限られた時間の中、現場で精一杯努力している当社グループの社員はどう思っているのかを考えると何か切ない気持ちが込み上げてきます。なぜ、このような評価になるのでしょうか？　思いつくことがあるとすれば、「信用がない」のではないかということです。

人が人から信用されるためには以下の３つのプロセスが考えられます。

①地道に実績を積み上げる

②自分の考え方を明確にし、選んでもらえる努力をする（考え方が明確な、より大きな組織に所属することも含む）

③業務の実績や業務を通じて得た情報（データ）を公開し、外部の監査を受け入れる体制を構築する

①については、この事業にどのように取り組んできたのかを広報していくこと、②については、これからこの問題に会社として組織としてどう取り組んでいくのかを表明しておくこと、そして、③については、ＩｏＴ・ＡＩ・ビッグデータを使ってそれを構築する必要があると思います。

上下水道事業に関わる民間企業側の役割や考えなどはなかなか伝わりにくいところがあります。「私たちがもっと情報発信をしなければ」「自分たちの考えを積極的に伝えていかなければ」という思いでこの本をまとめました。

本書により、少しでも多くの若者に、この仕事を自分の仕事として選択してもらえるようになってくれることを願うとともに、多くの方が我が国の上下水道事業の状況を知り、これからの上下水道事業のあり方について考える一つの手掛かりとなって、その持続・発展に役立てば、著者としてこれ以上の喜びはありません。

PDCAサイクルとOODAループの連結

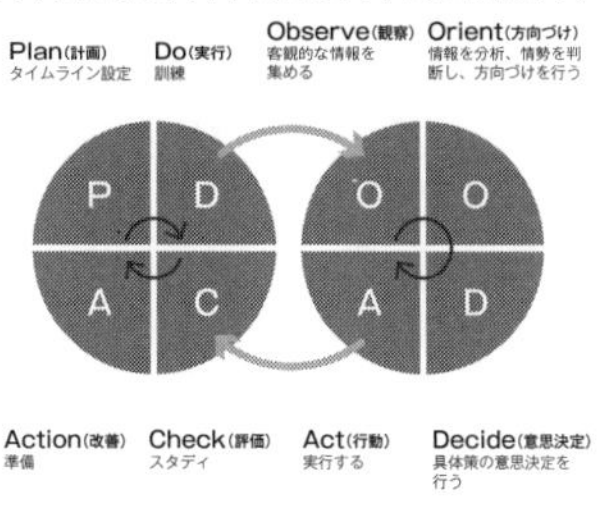

Plan（計画）
タイムライン設定

Do（実行）
訓練

Observe（観察）
客観的な情報を集める

Orient（方向づけ）
情報を分析、情勢を判断し、方向づけを行う

P D C A

O O D A

Action（改善）
準備

Check（評価）
スタディ

Act（行動）
実行する

Decide（意思決定）
具体策の意思決定を行う

目　次

第3章 上下水道における「公民連携」と「WOODAP」

第4章 「ＷＯＯＤＡＰ」は公民連携の未来を切り開く

第5章
水道だけではない　道路、電気、ガス……WOODAPがあらゆる社会インフラを救う

おわりに

序章　災害の多い日本だからこそ「WOODAP」は生まれた

日本全国の水道管をつないで1本にすると約71万キロになり、地球を約18周する長さになります。下水道管は約48万キロ。地球から月までの距離は約38万キロですから、その距離さえも超える長さです。

また、日本全国にある浄水場は3千カ所以上、下水処理場は2千カ所以上あります。

これだけの管路や管渠、処理場の新設、改築・更新、運営・維持管理をするために、全国各地の上下水道職員の方々は百数十年以上、献身的な努力を続けてきました。その結果として、現在、多くの日本の方々が世界でも最高水準の上下水道サービスを享受することができるのです。

例えば、水道水を飲める国は世界に9カ国しかありません。日本はそのうちの1カ国なのです。私たちが何不自由なく上下水道を利用できるのは、その仕事に関わって、各地で働く職員の方々のおかげであることは言うまでもありません。

しかし、２０１１年3月11日に起こった東日本大震災は、そうした地域の職員の方々の努力にもかかわらず迅速な復旧活動がままならないほど、被害が大きかったわけです。ここ数年、日本は大地震・大型台風の直撃などの災害が頻発しており、〝公〟の頑張りだけでは、日本の上下水道を守ることが難しい時代になったことを改めて感じました。どんなに頑丈な施設を造っても想定外の事態が起きれば瞬時に破壊され、機能しなくなってしまう現実を、あの未曽有の大震災は私たちに突き付けたのです。

そして恐ろしいのは、震災同様の被害が施設や設備の老朽化によって引き起こされる可能性があることです。すなわち、すべてのインフラは、10年、20年、30年と時間がたつ中で着実に老朽化していきます。水道管、下水道管、浄水場、下水処理場も例外ではありません。災害に見舞われなくとも、施設や設備の老朽化によって上下水道インフラは緩やかに壊れていくのです。実際、上下水道事業が人手不足、予算不足の問題に直面し、施設更新が十分に進められないといった、老朽化の危機を迎えようとしています。

この危機を乗り越えるために、自治体の経験と能力に加えて、民間の知恵とノウハウが求められています。〝公〟と〝民〟がパートナーシップを組んで（公民連携）上下水道の

抱える課題の解決に臨むことが必要なのです。

そこで公民連携をスムーズに進めるために当社が提唱しているのが、本書のテーマである「ＷＯＯＤＡＰ（ウーダップ）」に他なりません。まずは、なぜ、このＷＯＯＤＡＰを私たちが考えたのか、その経緯から説明しましょう。


当社は10年以上にわたり、上下水道事業における公民連携の取り組みを進めてきました。その中で、大きな課題となったのは「設計部門と運営現場との関係」でした。上下水道施設の運営をスムーズに行うためには、設計と運営現場の良好なコミュニケーションが大きな鍵となるからです。

当初は、ライフサイクルコスト（ＬＣＣ）を最小化することでこの課題を解決しようと考えましたが、望んだような結果は得られませんでした。そこで、思い浮かんだのが〝キングギドラ〟でした。ゴジラの映画に登場する三つの頭を持ち、口から光線を吐くこの宇宙怪獣を、ご存じの方も多いでしょう。キングギドラが現れたとき、敵対関係のゴジラとモスラが手を結んで立ち向かいました。そして見事に撃退します。

「このような〝キングギドラ〟に相当するものが現れれば、設計と運営現場がゴジラとモスラのようにうまくチームを組むことができるのではないか、両者のギャップを埋めることができるのではないか」と考えたのです。

では、「何がキングギドラとなり得るのか」――その答えを探し求めていたまさにそのとき、東日本大震災が起きたのです。

震災の際に、復興のためのさまざまな施策が講じられましたが、「復旧のためにいちばん優先すべきこと」を決め、実行するために、立場の違いを超えて皆が協力し合ったのです。

そこから、私は「激甚災害がキングギドラになるのではないか」と思い至りました。すなわち、激甚災害が起きたときにすぐに復旧できるシステムを考えることを通じて、設計と運営現場がゴジラとモスラのように一致団結して問題に取り組むようになるのではないか、といった教訓を得たのです。

さらに、激甚災害からの復旧という課題を最優先に、上下水道の設計・建設、運営・維持管理のあり方を再構築していく発想は、公民連携を進めていくうえでも有効な枠組みになり得ると考えました。

そこで、災害の多い日本だからこそ発想できる、日本ならではの公民連携推進を目的とした仕組みを「ＷＯＯＤＡＰ」と呼び、その体系化、具体化にこれまで全社を挙げて取り組んできたのです。この「ＷＯＯＤＡＰ」には、数々の公民連携事業に関わってきた経験の中で、当社に蓄積されてきた知見やアイデアなどが盛り込まれています。ここで、その概略について簡単に触れておきましょう。

まず、ＷＯＯＤＡＰの第一歩は、「レジリエンス」の視点で、上下水道インフラの設計・運営などを見直すことです。レジリエンスとは「しなやかな回復力」を意味する言葉ですが、竹が厚く積もった雪をはねのけて育つようなイメージでとらえてください。

では、レジリエンスの視点からは、どのような施設設計のあり方が好ましいといえるのか。『三匹のこぶた』の話を例に説明しましょう。

『三匹のこぶた』の長男は簡単に造れるワラの家を、次男もそこそこ簡単に造れる木の家をこしらえましたが、オオカミに襲われてしまいます。それに対して、三男は地道にレンガの家を造ったため、三男だけがオオカミから命を守ることができました。

要するに、「レンガの家を造った三男は思慮深く偉い！」ということをこの話は言いたいわけです。

しかし、レンガの家はオオカミに対してはともかく、災害に対しては必ずしも完璧なものではありません。ことに地震の多い日本のような国であればレンガの家の方が壊れやすいといえます。一方、ワラの家は、簡単に造ったり直したりできるメリットがあり、災害時にすぐに復旧できる設備としてとらえ直すことができます。レジリエンスの視点では、レンガの家よりも優れた家ととらえることもできるのです。このようにレジリエンスの発想から設計を見直すと、一定のレベルまで〝壊れる〟ことを許容することになります。

近年、想定を超える災害が頻発しています。これらに障害の未然防止を意図した網羅的な設計や復旧計画を準備することは困難であり、経済合理性からも望ましいとは言えません。むしろある程度の未然防止対策に障害からの高速復旧化や、柔軟な復旧実践に取り組むことを付加する方が効果的でしょう。つまりは「どうすれば全く壊れないか」から「どうすれば壊れたときでもすぐに復旧できるか」へと発想を転換するわけです。このような

考えのもとに復旧までのタイムラインにしたがい、当社では、一定のサービスレベルまで迅速に復旧する仕組み（高速事後復旧オペレーション）の構築に取り組んできました。復旧を高速化するためには、障害発生時だけでなく、それ以前の平時からオペレーションを準備することが必要になりますし、また施設の運営だけではなく、設計・建設にまで、その考え方を広げていくことが求められます。

さらに、災害時に高速事後復旧オペレーションを実現していくうえでは、異なる部門に所属する者たちが、各自の立場・役割を超えて知恵を出し合うことが必要になります。このような取り組みを、当社では「知恵の輪」と呼んでいます。

例えば、大きな地震が起きることを想定して、設計部門は「ここの信号が途切れたら大変なことになる」と思う箇所に、バックアップのケーブルをもう1本敷こうとするのですが、運営現場の目には「この1本が切れるときはバックアップの1本も切れてしまうので、同じルートへの敷設では意味がない」と映っています。一方で、「災害時には運営現場で何とかするから、それよりは普段の点検をしやすくしてほしい」という声が出てきます。

こうした、さまざまな意見を集約しながら、課題解決につながる最適解を導き出していくのです。

実際に、当社が現在関わっている「荒尾市水道事業等包括委託事業」(熊本県荒尾市)や「青木浄水場更新事業」(新潟県見附市)などでは「知恵の輪」を積極的に展開しているところです。

また、高速事後復旧を実現するためには不測の事態に柔軟に対応することも必要となります。そのような場面で役立つのが「ブリコラージュ」の発想です。ブリコラージュとはフランス語の「bricoler」(修繕をする、日曜大工をする)から生まれた言葉で、次のような意味があります。

「あらかじめ準備した設計図などはいっさい使わず、与えられた条件のもと、ありあわせの素材、手段、道具を使って、その時、その場に最善なものを作り出すこと」という「計画されたものの脆弱性」に対する概念です。

例えば、震災によって施設の柱が折れた場合には、周辺の木を使ってつなぐなど、周りにあるものを使ってあれこれ試しながら対処するわけです。ありあわせの材料で料理を作ることも同じだと思います。このように状況に応じた試行錯誤を通じて問題解決を志向するのがブリコラージュの発想なのです。

東日本大震災の後、外国人ジャーナリストが被災地を訪れた際、被災者が瓦礫の山からバスタブや木材を集めてきて屋外で入浴しているシーンを目にして驚いたという話があったそうですが、日本人のＤＮＡには、もともとブリコラージュの発想が組み込まれているのかもしれません。

ブリコラージュと同様に、運営現場での対応力を最大限に高めるスキルとしては「ＯＯＤＡ（ウーダ）」を挙げることができます。ＯＯＤＡは、「Observe（観察）」「Orient（方向づけ）」「Decide（決定）」「Act（行動）」の四つの一連の作業を通じて、目の前の状況に即した適切な意思決定を行い、行動につなげる手法です。ＯＯＤＡを行うことで、運営現場で取り得るさまざまな選択肢から、最も適切な方法を選ぶことが可能となるはずです。

また、ＯＯＤＡを最も効果的な形で行うためには、その四つの一連のプロセスをすべて運営現場で完結できる仕組みを整えることが必要となります。そのためには、運営現場への「権限委譲」が不可欠です。

加えて、迅速な復旧のためには、運営現場をバックアップする仕組みやシステムも必要になります。当社はＩＣＴ技術などを活用して、そうした仕組みづくりにも努めてきました。

その一つが２０１１年に誕生した「ウォータービジネスクラウド（ＷＢＣ）」です。上下水道事業の運営現場で扱う情報にはセンサーなどから発信される「モノ情報」の他に、人の感覚的な情報、すなわち気づきや経験から得られる「コト情報」があります。ＷＢＣを利用することにより、「モノ情報」はもちろん「コト情報」まで、クラウドにより自動で収集し、自由に活用することが可能となります。

もう一つが、①設備運転員訓練センター、②共通部品センター、③ナレッジセンターから成る「３センター」です。①は各地域での設備の運転業務を担う運転員を訓練すること

を、②は補修部品などの調達・供給を一元化することを、③は地域ごとに異なる事業体の事業運営ナレッジの蓄積・共有・継承をサポートすることを目的としています。

これらの3センターを活用することにより、上下水道の運営に不可欠な「ヒト、モノ、知恵」を〝公〟と〝民〟で広く共有することが期待できるのです。

欧米などでは、ライフラインを支えるインフラへの国民の理解があり、それに関わる仕事は尊敬の対象になっています。

しかし、日本では、上下水道事業の仕組みやその現状についてあまり知られていません。上下水道は地下に施設が埋設されていることが多いので、なかなか関心が向きにくいのかもしれません。努力や頑張りが見えにくい状況のなかで、仕事に関わる各地の職員の方々は、「市民のために絶対に水インフラを守り抜く」という決意と覚悟を胸に上下水道事業を担ってこられました。

これから〝公〟とともに上下水道の課題解決に取り組んでいく私たちもその思いと覚悟を共有して、これまでのクオリティーを維持しながら効率的に上下水道のサービスを提供

していくつもりです。

WOODAPはそれを実現するために、私たちが何を行うのかをまとめたものです。ここではその概略を紹介しましたが、第4章ではより詳しく取り上げています。「WOODAPの詳細を早く知りたい」という方はそちらから読んでいただいて構いません。

また、「まずは上下水道事業の抱える課題について把握したい」という方は、第1章からそのまま順に読み進めていただければと思います。

あるいは、「当社の過去から現在までの公民連携事業に関する取り組みについて知りたい」ということでしたら、第3章に、その内容をまとめてあります。

なお、「公民連携」は一般的には「官民連携」と呼ばれていますが、〝官〟というと国を意味することが多いとの意見に対して国や都道府県も含めた、全ての自治体を意味する〝公〟という言葉を用いて「公民連携」としています。

第１章

上下水道事業は、今、大きな変革期を迎えている

水の恵みを享受できるのは当たり前ではない

地球には13・8億立方キロメートルの水が存在しているといわれます。しかし、そのうちの99・99％は海水や氷河、地下水などで、人間がアクセスしやすい河川や湖沼などの水はわずか0・01％に過ぎません。

水はまさに貴重な資源なのです。

日本は水消費国で、その消費量は、インド、中国、アメリカなどに次いで世界第9位です。水をこれだけ使える理由としては、日本が比較的雨に恵まれ、河川に豊富な水があることなどが挙げられます。そんな豊かな水環境のもとで、日本人は古くから上水道、下水道の整備に努めてきました。その結果として、現在、日本全国で水を飲んだり、調理に用いたり、洗い物に使ったりと、さまざまな用途で安心して、安全に利用することが可能となっています。

しかし、これから先も、このように誰もが当たり前のように水を使える状況が続くかどうかはわかりません。なぜなら今、日本の上下水道事業は、いくつかの大きな課題に直面しているからです。それらの課題を解決できなければ、上下水道事業は成り立たなくなり、国民に対してこれまでと同じようなサービスを提供することが難しくなるかもしれないのです。

上水道事業が直面する課題

人口減少による収入の減少で、経営が悪化

それでは、上下水道事業はいったいどのような課題の解決を求められているのでしょうか。

まずは、水道事業の現状や課題から見ていきましょう。

周知のように、現在、日本では少子化に伴って人口減少が進んでおり、2015年と比べて2065年には、人口が約3割減少すると推測されています（資料1）。こうした日

本の人口変動や節水機器の普及などの結果、水の利用者数が減少し、さらに一人あたりの使用水量も減り続けています。水道料金徴収の対象となる有収水量（使われる水の量）は2000年をピークに減少傾向にあり、2060年には2000年と比べておよそ4割減少すると推計されています（資料2）。

水道事業は、原則として水道料金で運営されています。このように有収水量の減少が続けば、自治体の水道料金収入は減少し、水道事業の経営が悪化することが避けられません。

資料1　高齢世代人口の比率

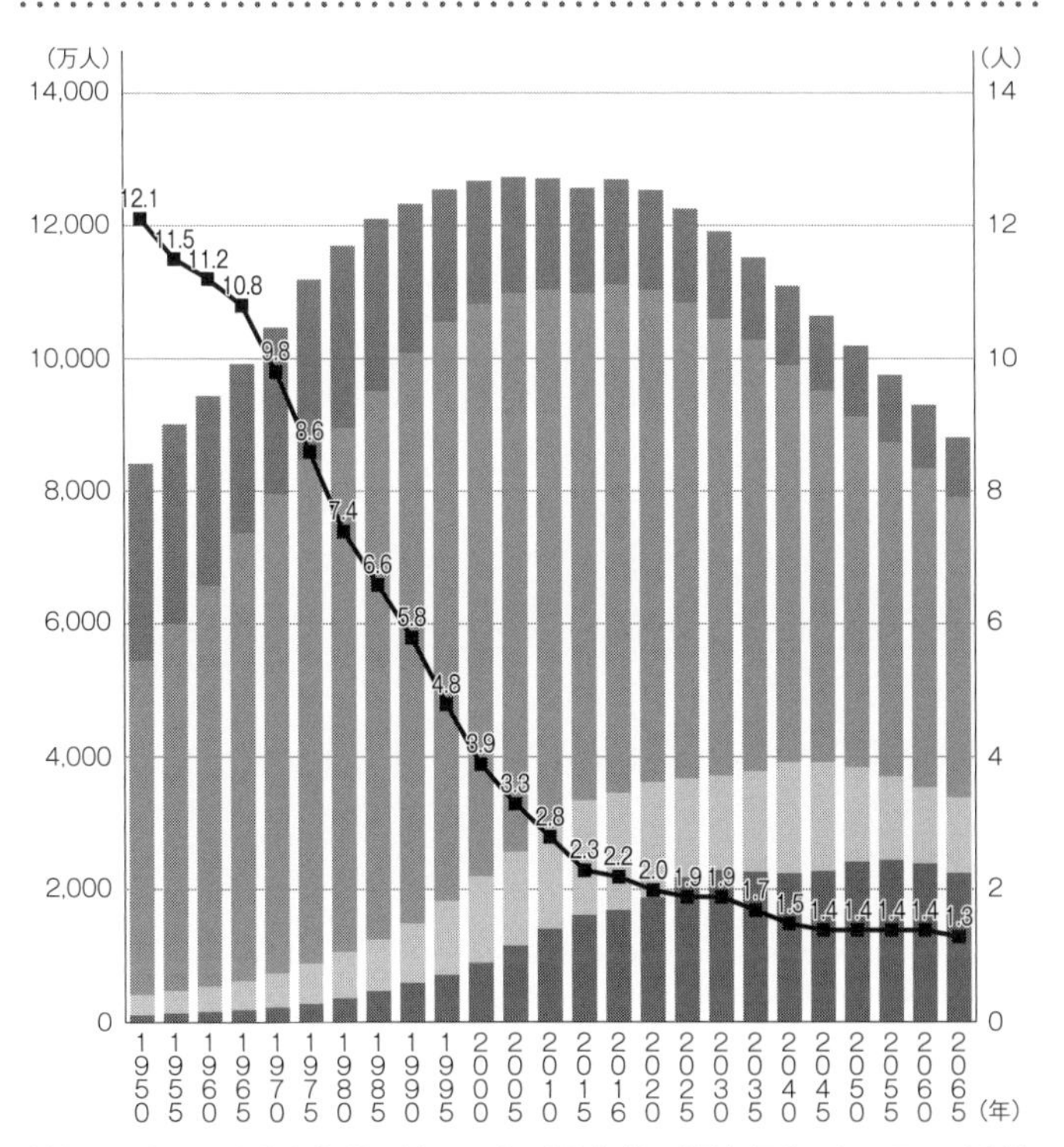

資料：2015年までは総務省「国勢調査」、2016年は総務省「人口推計」（平成28年10月1日確定値）、2020年以降は国立社会保障・人口問題研究所「将来推計人口（平成29年推計）」の出生中位・死亡中位仮定による推計結果

（注）2016年以降の年齢階級別人口は、総務省統計局「平成27年国勢調査　年齢・国籍不詳をあん分した人口（参考表）」による年齢不詳をあん分した人口に基づいて算出されていることから、年齢不詳は存在しない。

資料2　有収水量及び給水収益の実績と見通し

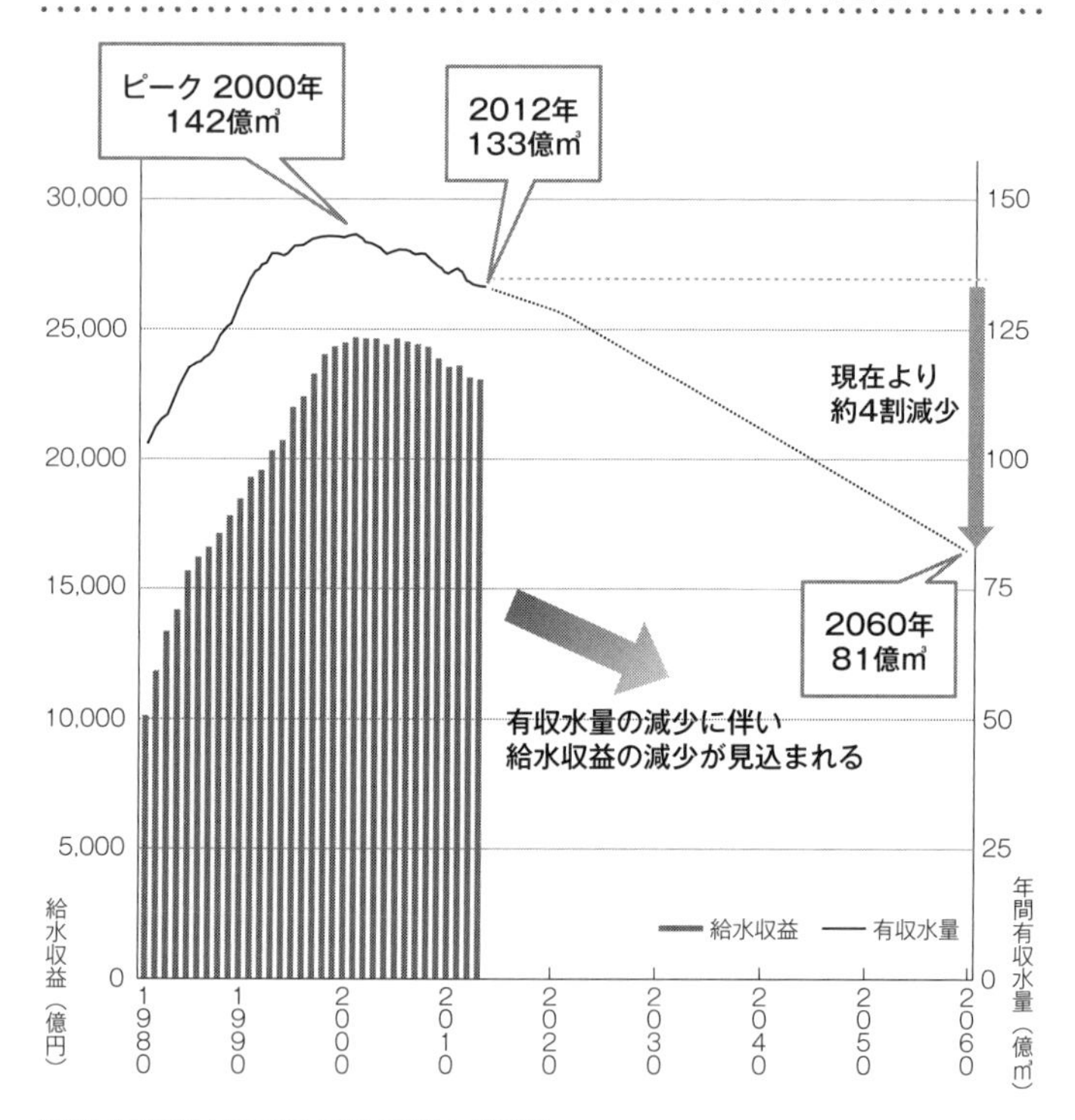

（出典）年間有収水量及び給水収益の実績：水道統計
将来有収水量：厚生労働省水道課が「新水道ビジョン（平成25年3月）」の策定にあたり推計。

職員の減少・高齢化による技術継承の危機

人口減少の影響で、水道事業に携わる専門人材の確保も難しくなっています。水道事業の職員数は1980年度の7万6084人がピークでした。そのピーク時に比べて、2016年度末には約4割減の4万5441人となっています（資料3）。

また、職員の高齢化も進んでいます。2016年度の時点で、水道事業に従事する全職員の約4割を50歳以上が占めています。さらに、そのうち半数以上が技術系職員であり、その多くは今後10年程度で退職することが予定されています。

水道技術者の育成には運営現場での長年の経験の積み重ねが重要と言われています。職員数の減少、とりわけベテラン技術職員の退職は、日々の施設運営に支障をきたし、これまで積み上げてきた技術の継承を途絶えさせることになりかねません。

資料3　職員数の推移

水道事業における職員数の推移

●職員数の減少

水道事業の職員数はピーク時に比べて約4割減少

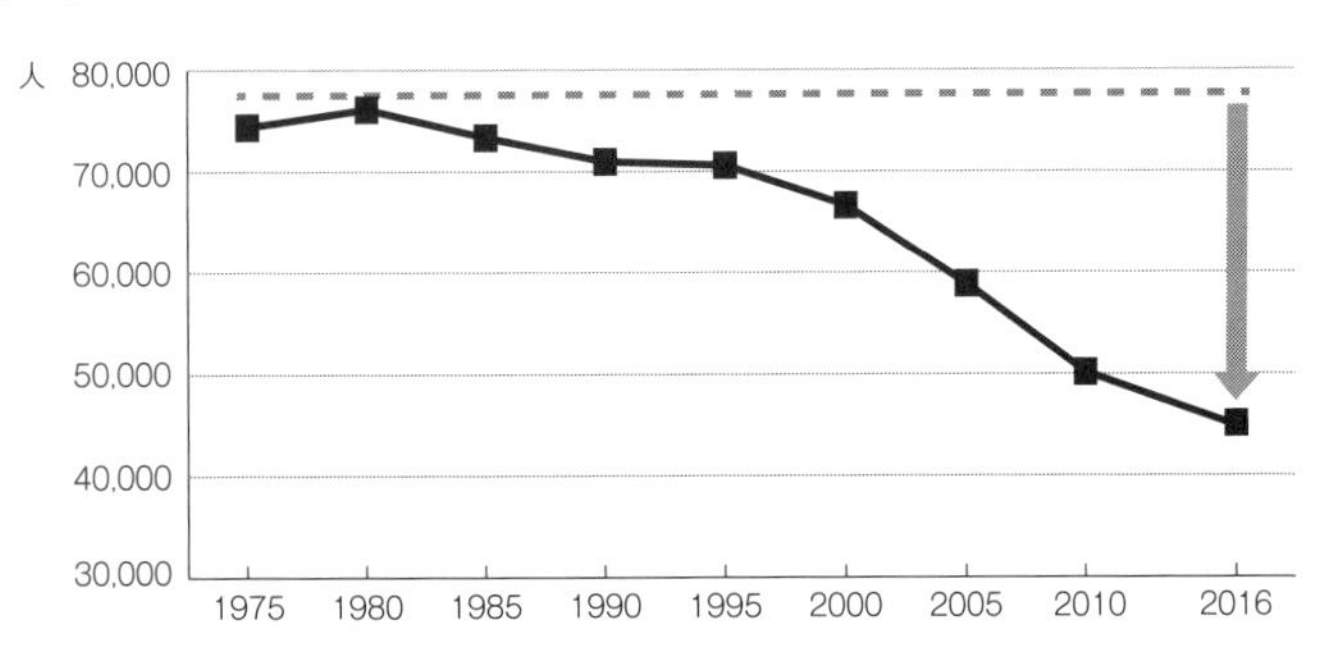

水道事業における職員数の規模別分布

●小規模事業体の職員が少ない

給水人口1万人未満の小規模事業体は、平均3～5人の職員で水道事業を運営している

給水人口	事業体ごとの職員数						
	事務職	技術職	集金・検針	技能職その他	合計	最多	最小
100万人以上	351	511	2	154	1,018	3,875	357
50万人～100万人	82	121	0	14	217	367	120
25万人～50万人	42	67	0.5	14	124	237	39
10万人～25万人	19	24	0.2	4	47	165	15
5万人～10万人	10	11	0.3	1	22	66	4
3万人～5万人	7	5	0.1	0.5	13	52	3
2万人～3万人	5	4	0.1	0.3	9	35	2
1万人～2万人	3	2	0.02	0.2	5	19	1
5千人～1万人	3	1	0.1	0.1	4	46	1
5千人以下	2	1	0.3	0.1	3	15	1

※職員数は、人口規模の範囲にある事業体の平均
※右欄の最多、最小は人口規模の範囲にある事業体の最多、最小の職員数
出典：水道統計（H24）

下水道事業が直面する課題

水道事業と同様に職員の減少と施設の老朽化が顕在化

下水道事業も、以下のように水道事業と同様の課題に直面しています。

①下水道料金収入の減少

下水道事業は水道を使った分だけ下水道使用料を徴収する仕組みです。したがって、前述のように水道の使用水量が減れば、自治体の下水道料金収入も減り、下水道事業の経営も悪化することになります。

②人口減少に伴う下水道職員の減少

下水道担当職員数は１９９７年度に約４万７０００人を数えていましたが、２０１６年

度の段階で約2万8300人にまで減っています（資料4）。ピーク時に比べて約4割減少しているのです。

③老朽化施設の増大

下水道の管路や処理場は、総じて水道よりも少し遅れて整備されているため、老朽化も水道より遅れて顕在化することになります。

敷設後50年を経過した下水道管は、2018年度末で約1万9000キロに達しており、仮に更新を行わなかった場合、20年後には約16万キロに増加する見通しです。全体の割合でいえば、約4％から約33％に増大する予測です（資料5）。

また、現時点で稼働から15年を経過した下水処理場が8割を超えています。こうした老朽化した下水道管や処理場の改築の必要性はこれからピークを迎えると見込まれています。

さらに、下水道事業については現在、施設整備費用の約半分が国から補助されていますが、交付金の引き下げが検討されていることが、以下のように伝えられています。

「財務省は下水道の新設や更新の費用を巡り、国費の補助を引き下げる検討を始めた。上水道は国の補助は3分の1や4分の1にとどまるが、下水道の事業費は原則2分の1を国で補助している。（中略）財務省は支援を引き下げても、下水道を運営する地方公共団体は利用者負担を引き上げられるとみる」（2017年5月11日付日本経済新聞より）

もし今後、実際に交付金の補助率が引き下げられることになれば、事業の運営が金銭的に苦しくなる恐れもあります。そうなれば、老朽化した下水道管や下水処理場の計画的な更新はままならなくなるかもしれません。

資料４　下水道職員数に関するグラフ

下水道部署の職員数の経年推移

下水道事業の職員数はピーク時に比べて約４割減少

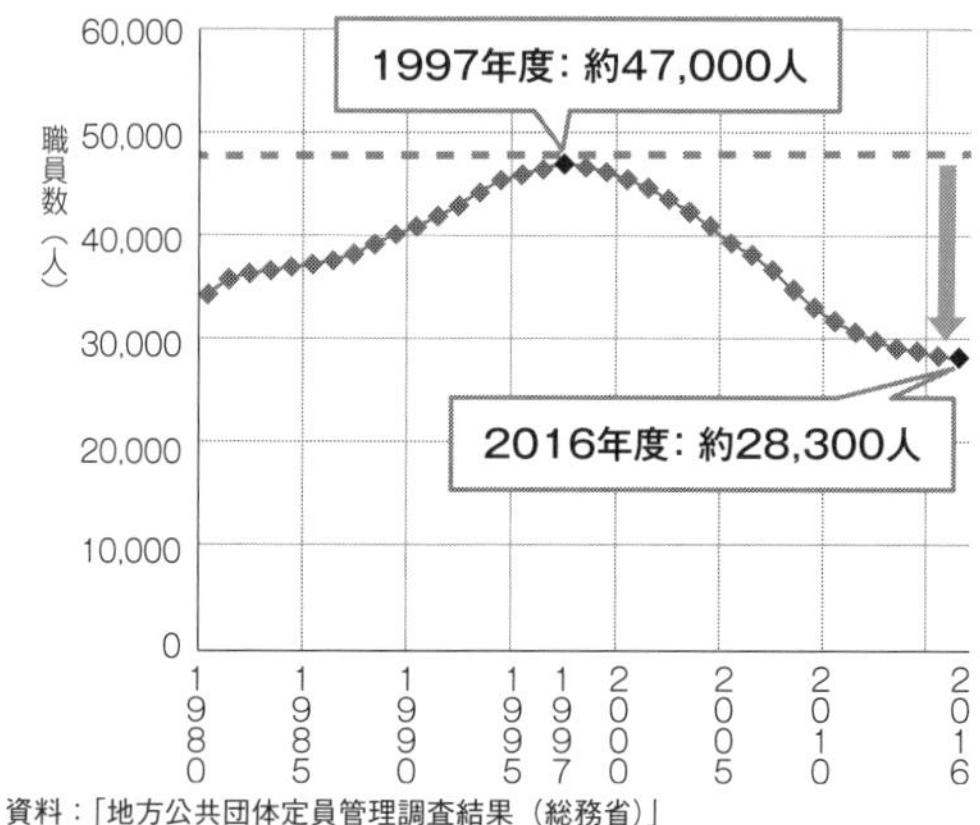

資料：「地方公共団体定員管理調査結果（総務省）」

資料5　下水管路施設の年度別管路延長（2018年末現在）

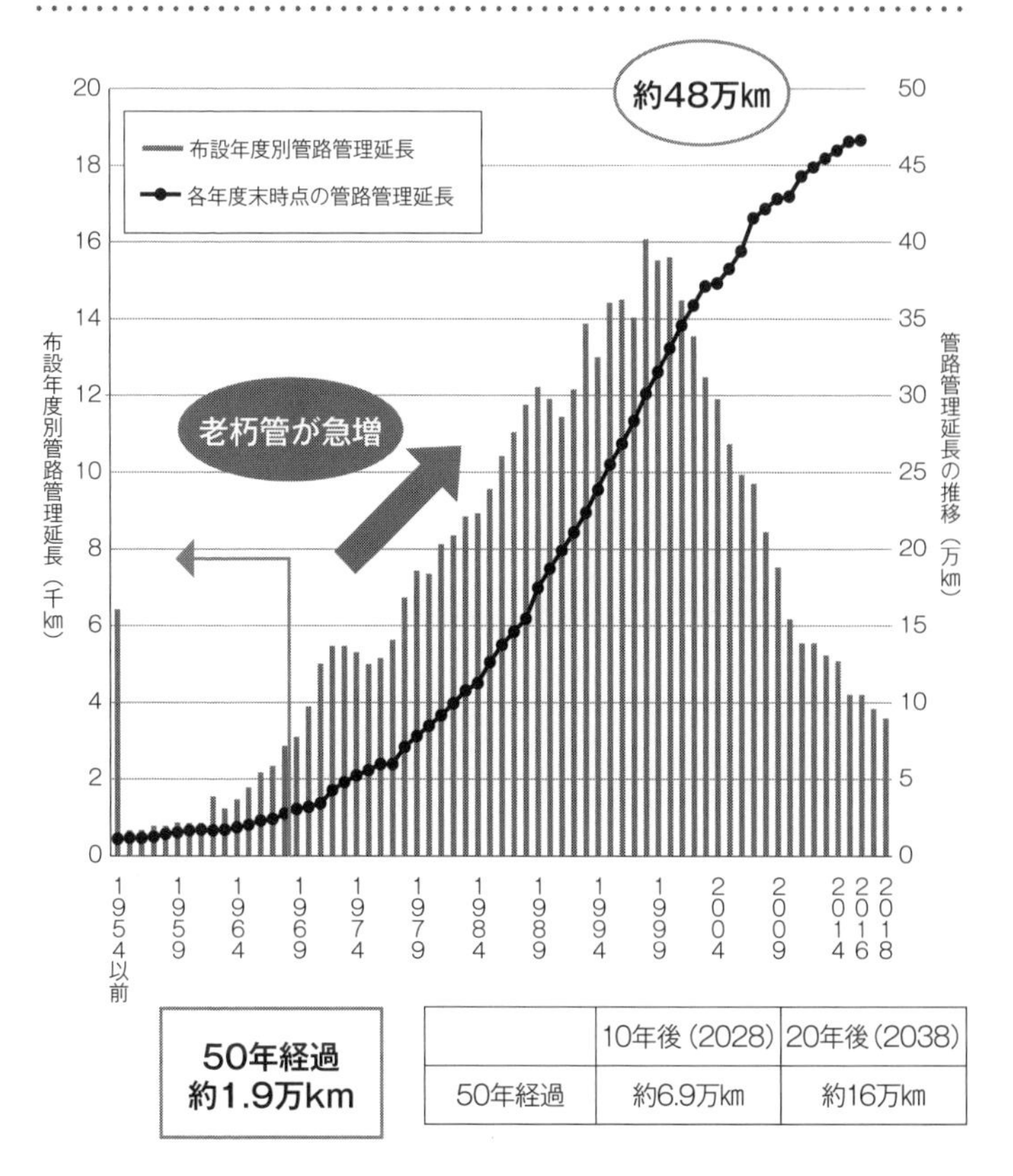

	10年後（2028）	20年後（2038）
50年経過	約6.9万km	約16万km

今、上下水道の課題を直視しなければ取り返しのつかないことになる

ここまで見てきたように日本の上下水道事業は、人口減少に伴う収入減、職員の減少・高齢化、施設の老朽化、補助金削減などさまざまな課題に直面しています。

2012年12月に発生した笹子トンネル天井板落下事故をきっかけに、道路インフラの老朽化、維持管理等の問題が大きくクローズアップされました。それに対して、上下水道のインフラ管理に関しても同様の問題があることは、なかなか一般には認識されづらいところがあります。

日本人には「水と空気はタダ」という感覚があるからなのかもしれません。しかし、道路と同様に、水道、下水道の課題も長期的な視点で取り組むことが必要です。問題を直視せず放ったままにしていると、事態はさらに悪化し、取り返しのつかない状況に追い込まれることも十分に考えられるのです。

上下水道施設や管路の老朽化が進行、更新も遅延

上下水道施設や管路などの老朽化の進行と、更新の遅れも大きな問題です。水道の普及率は、高度経済成長期に急激に上昇しており、その時代に投資した水道資産の更新時期が、今、一気に到来しようとしています。いわば〝大更新時代〟を迎えようとしているわけですが、施設・設備の更新が危ぶまれています。

例えば、水道事業における投資額の約7割は送配水施設で、その大半を管路が占めています。その更新率は２０１６年度の段階で、わずか０・75％に過ぎません（資料６）。この管路の更新率から単純に計算すると、すべての管路を更新するには１３０年以上も要することになります。その間、老朽化が進んだ管路では、漏水などの不具合が生じる恐れがあります。

水道事業における投資額の約2～3割を占める浄水場を見ても、20年ごとに更新が必要な機械設備や10年未満で更新が必要な電気設備に加えて、高度成長期に建設された建屋や躯体などの土木建築物の老朽化が進行しており、施設全体の更新が必要になるケースが増

えています。

　しかも、前述のように水道事業の経営が悪化すれば、新たな投資は抑制されることになります。そうなれば、施設に対するメンテナンスが十分に行われなくなり、老朽化はさらに進行する恐れがあります。ことに浄水場の老朽化は家庭などに水道水を配水する給水能力の低下をもたらしかねません。

資料6　管路の更新率グラフ

●年々、更新が低下し、近年は横ばい。

➡管路更新が進んでいない

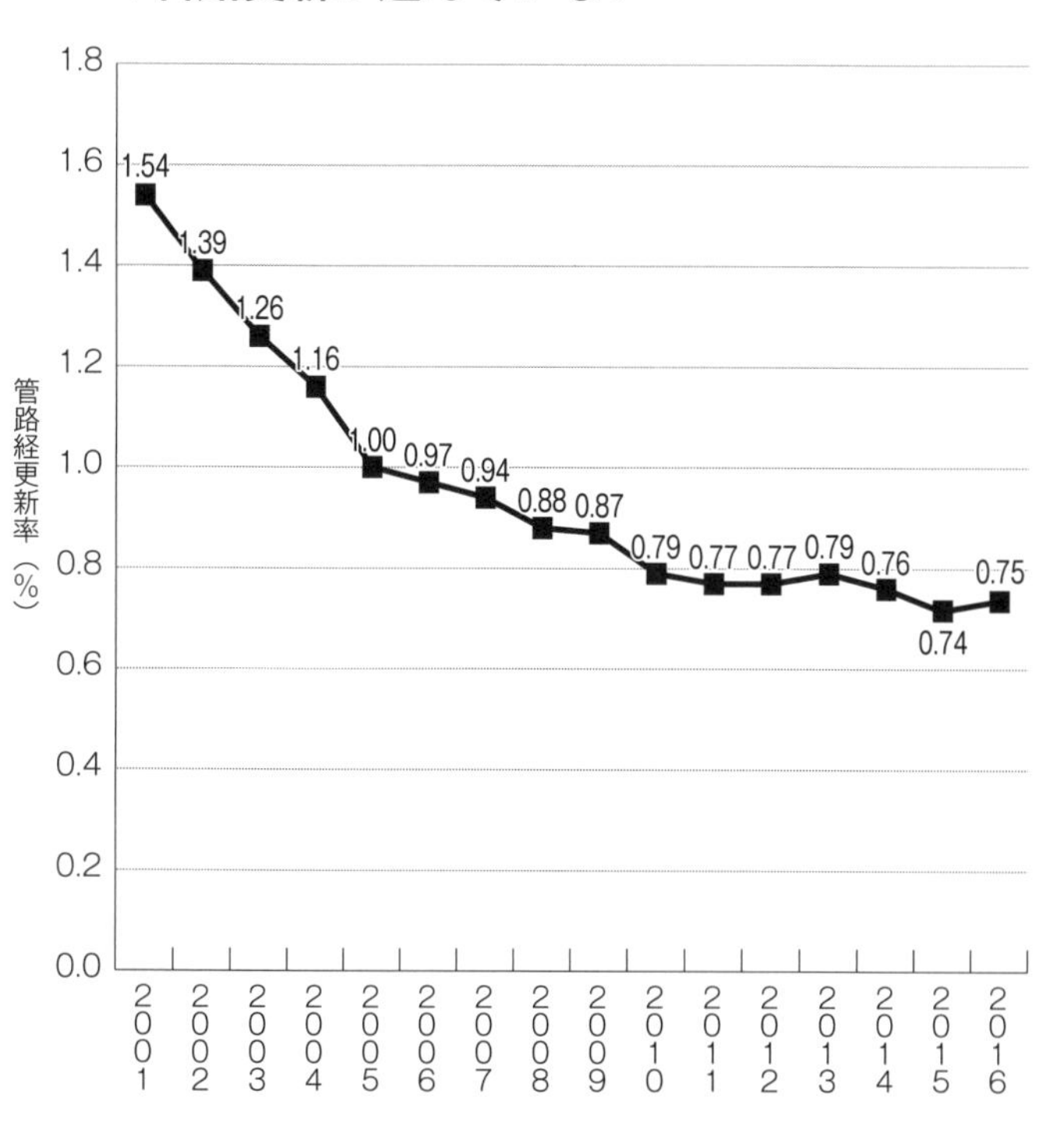

第２章

水道事業の変遷から見えてくる「公民連携」の必然性

水道事業の歴史

上下水道の歴史は戦国時代から始まっていた

言うまでもありませんが、上下水道は文明を維持するうえで、国民の生命を守るうえで最も重要なインフラです。しかし、その大切なインフラを支えてきた上下水道事業は、前章で見てきたような課題のために、今、大きな困難に直面しています。上下水道事業の課題を解決するため、日本の水インフラを守るためには、どのような取り組みや試みが求められているのでしょうか。

そもそも日本の上下水道事業がこれまでどのような形で進められてきたのか、まず、その歴史を簡単に確認しておきましょう。

日本で初めて水供給システムが生まれたのは今から500年ほど前の戦国時代であり、相模国（現神奈川県）の小田原城下に飲み水用として引かれた「小田原早川上水」が最古の水供給システムといわれています。徳川家康もこの仕組みに影響を受け、１６００年頃江戸に「神田上水」を引きました。その後も「玉川上水」「千川上水」などが次々に完成し、江戸の人々の生活を潤しました。

一方、現存する下水道として最も古いものは「太閤下水」が挙げられます。豊臣秀吉が大坂城築城に伴う町づくりの一つとして整備したもので、建物と建物の背中側（建物の裏側）を通ることから「背割下水（せわりげすい）」とも呼ばれています。この「太閤下水」は改良を加えられて現在でも使用されており、施設を見学することができます。

太閤下水

近代水道が初めて導入されたのは横浜、近代下水道は神田

明治に入ると、日本の上下水道の歴史に、欧米から伝えられた近代水道、近代下水道が登場します。

人々が東京などの都市に集中するようになると、不衛生な飲料水が原因でコレラなどの伝染病が流行しました。明治10年代には、コレラのために10万人を超える死者が出たといわれています。そこで伝染病予防を目的として、ろ過装置を使って飲み水を作り、外部から汚染されないように鉄管などを使って、圧力を加えて送る近代水道が導入されたのです。

日本初の近代水道施設は、１８８７年（明治20年）、横浜に誕生しました。この横浜水道の建設を指導したのは、イギリス陸軍の工兵少将だったヘンリー・スペンサー・パーマーです。パーマーは、その後函館水道計画などにも貢献し、「日本近代水道の父」と呼ばれています。

また、これよりも3年早い１８８４年（明治17年）には、日本における近代下水道の先駆けといわれるレンガ造りの「神田下水」が整備されています。さらに、１９２２年（大

正11年）には日本最初の下水処理場が東京・荒川区の三河島に完成し、稼働を始めています。

ヘンリー・スペンサー・パーマー

明治時代から市町村が担ってきた上下水道事業

こうしたインフラの整備と並行して、上下水道事業の運営等に関する法制度も整えられていきました。1890年（明治23年）に公布された水道条例では、「水道ハ市町村其公費ヲ以テスルニ非サレハ之ヲ布設スルコトヲ得ス」と定め、水道事業を市町村の公営とすることが決められました。下水道についても、1900年（明治33年）に定められた旧下水道法のもとで市町村が事業を行うこととされました。このように、日本では上下水道事業を市町村が担う形で、具体的には、地方自治体が独立採算の形で運営する仕組みが作られていきました。

現在、水道の普及率は98・0％（2017年度末）（資料7）、下水道の普及率は78・8％（2017年度末）（資料8）に達しています。ちなみに、下水道を利用できる人口は2017年に初めて1億人を突破しました。今、日本人の多くが全国津々浦々で上下水道を使うことができるのは、各地方自治体の長年に及ぶ努力のたまものに他ならないのです。

資料7　上水道普及率推移（総給水人口／総人口、年度）

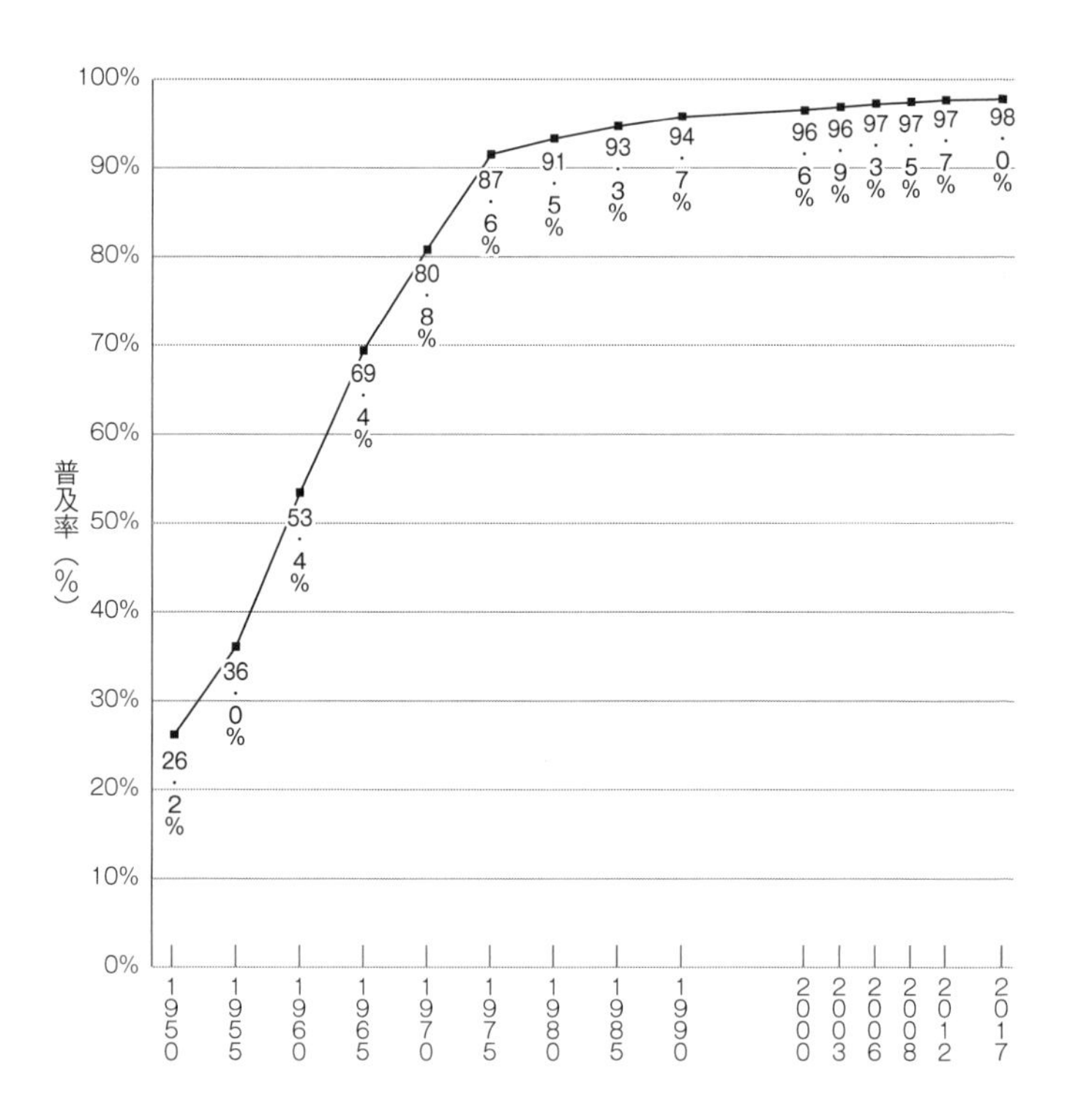

資料8　下水道の普及率

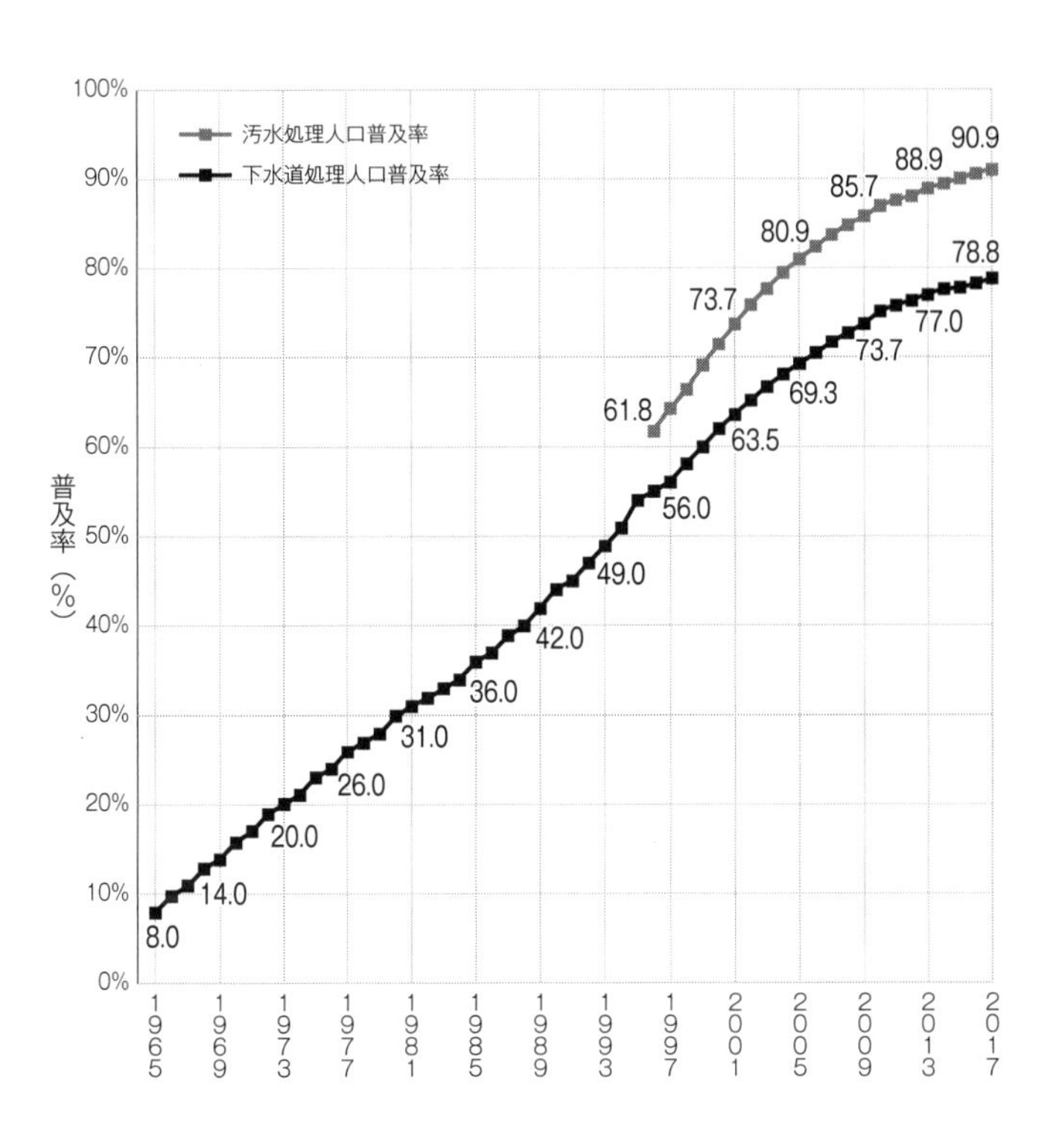

汚水処理人口普及率
下水道処理人口普及率
普及率（%）
100%
90%
80%
70%
60%
50%
40%
30%
20%
10%
0%
61.8
73.7
80.9
85.7
88.9
90.9
8.0
14.0
20.0
26.0
31.0
36.0
42.0
49.0
56.0
63.5
69.3
73.7
77.0
78.8
1965
1969
1973
1977
1981
1985
1989
1993
1997
2001
2005
2009
2013
2017

上下水道事業の現在

自治体の努力も限界に近づきつつある

前述のように、上下水道の設備の老朽化が進む中で、更新時期に差し掛かっている設備ではすでに不具合が生じ始めていますが、団塊世代に当たる各自治体のベテラン技術者がうまく運転している場合が多いようです。つまりは、〝公〟である自治体の懸命な努力によって、各地域の上下水道事業がどうにか維持されているのが現状なのです。

しかし、職員が減り、上下水道の予算が縮小する中で、そうした自治体の努力は限界に近づきつつあります。ことに職員の減少は運営現場の労働力に深刻な影響をもたらしています。例えば、給水人口1万人未満の小規模事業は、平均3人の職員で水道事業を運営しており、十分な人手が確保できているとは言い難い状況に陥っています。

激甚災害への対応は必須な事項

上下水道事業の運営に関しては、平時の維持・管理だけでなく、近年、頻発している自然災害、とりわけ数を増している「激甚災害」への対応も急務となっています。激甚災害とは、1995年の阪神・淡路大震災や2011年の東日本大震災などに代表されるように、大規模な地震や台風など、著しい被害を及ぼす災害で、被災者や被災地域に助成や財政援助を特に必要とするものを指します。

日本はもともと自然災害の多い国ですが、以下に示すように、ここ数年間だけでも激甚災害（局地激甚災害を除く）が毎年3～5件発生しています。

2013年　4件（台風、豪雨など）
2014年　4件（台風、豪雨、地震など）
2015年　3件（台風など）
2016年　4件（台風、地震など）

２０１７年　３件（台風など）
２０１８年　４件（台風、地震など）
２０１９年　３件（台風、豪雨など）

今後も、東日本大震災レベルの巨大地震や、地球温暖化に伴う突発的な集中豪雨などが起こることが予想されます。そして、そうした地震、豪雨などにより、上下水道施設が被災し被害を受け、国民生活に甚大なダメージがもたらされることが強く懸念されています。

水道事業体の６割強は運営基盤が脆弱

平時の施設運営だけでなく、災害時の対応を適切に行うためには、職員の確保はもちろん、物理的な備えも求められることになります。しかし、上下水道事業を営む事業体の多くは、厳しい経営を強いられており、そのために必要な財政的余裕がありません。

まず、水道事業に関して述べると、日本政策投資銀行によれば、給水人口５万人を割ると給水収益から給水原価を引いた損益はおおむね赤字になると言います。また、営業収益に対する支払利息および減価償却費の割合が高くなることなどから、その事業規模では設備を維持し、債務を負担する能力が限界に達するとみられています。

このような事情から、給水人口5万人が、末端給水事業を単独で経営するうえでの規模的な閾値（しきい値）になると推測されていますが、日本の水道事業者数（上水道）は1263（2016年度時点）であり、このうち給水人口5万人未満の事業者が819もあります。このように、日本の水道事業体の6割強は運営基盤を維持することが難しく、事業の継続が危ぶまれている現状があるのです。

一方、下水道事業に関しては、前述したように交付金に依存しており、しかもその削減が検討されている状況です。やはり水道事業と同様、経営の先行きには不安があると言えます。

「公民連携」の必要性

「広域化」と「公民連携」の方策が唱えられている

このように上下水道事業が厳しい経営環境にある中で、施設の老朽化、職員不足など喫緊の課題を解決し、未来への展望を切り開くための有効な手段として、現在、「広域化」と「公民連携」の二つの方策が唱えられています。

一つ目の「広域化」とは、経営基盤の強化を図り、いくつかの自治体が共同で上下水道を運営・維持管理する仕組み作りのことです。具体的には、地域の実情に応じて、「事業統合」「施設の共同設置」「施設管理の共同化」「管理の一体化」などを行うことによって、コストの削減や人材確保などが期待できると考えられています。

国は広域化を促すために財政支援の拡充などの方策を打ち出していますが、必ずしもスムーズに進んでいないのが現状です。厚生労働省によれば、水道事業を行っている事業体のうち約6割が広域化の必要性を理解しているものの、その取り組みを行っているのは約2割程度に過ぎません。

広域化の障害となっている要因としては、「施設整備（管理）水準の格差」「料金・財政の格差」「広域化に対する考え方・目的の相違」などが挙げられています（資料9）。ことに、料金水準に差がある事業体間が広域化する場合、低い料金設定の市町村では、水道料金が値上がりになる可能性が高く、強い抵抗感があるようです。

資料9　広域化に取り組んでいない事業体が考える阻害要因

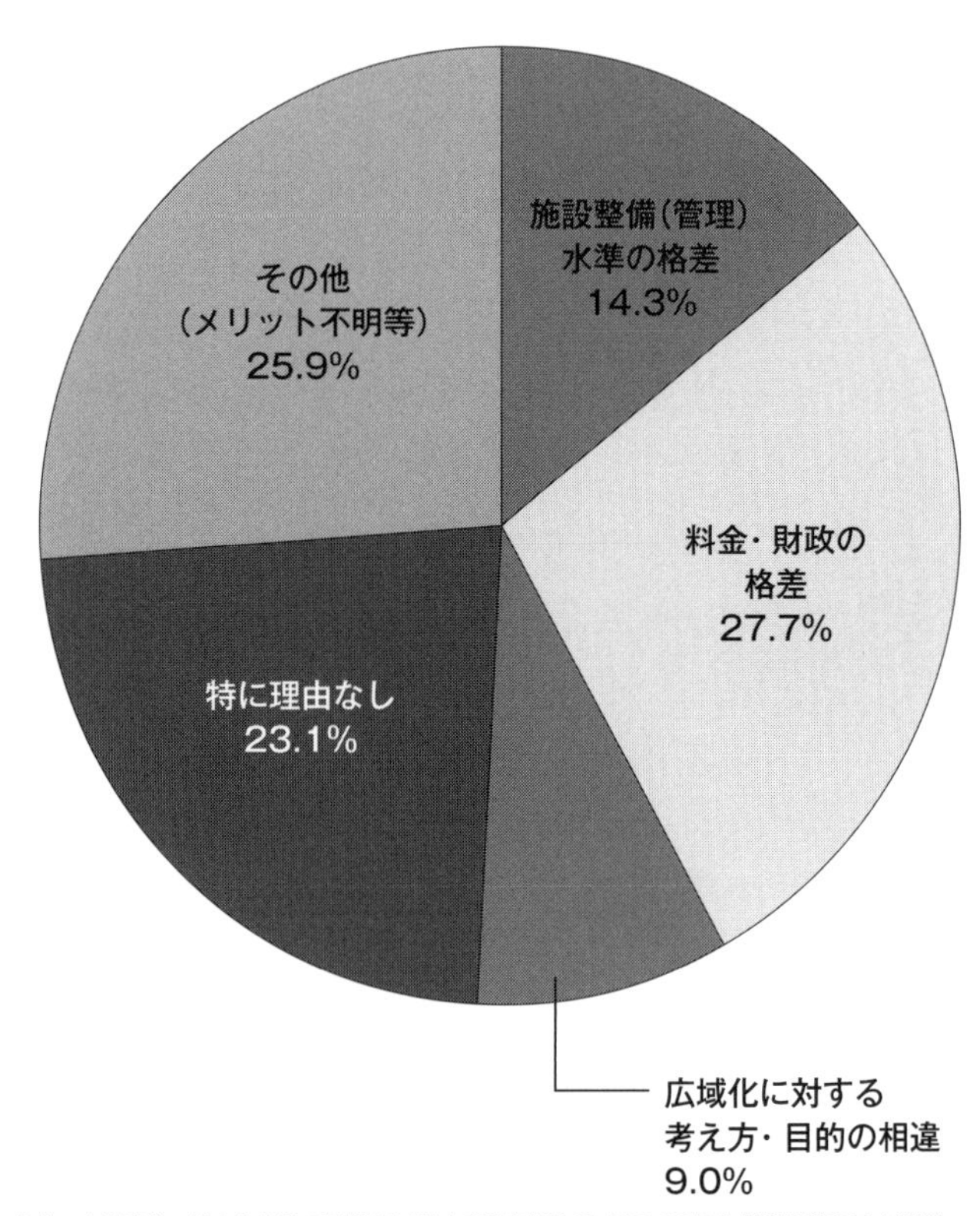

出典：水道事業の統合と施設の再構築に関する調査報告書（2015.3厚生労働省健康局水道課）
広域化の取り組み状況等について　2018年3月　総務省自治財政局公営企業経営室

「公民連携」には広域化を促す効果もある

もう一つの「公民連携」とは、国や自治体などの〝公〟と民間企業やNPOなどの〝民〟が協力して公共サービスを効率的に運営していこうという手法です。「官民連携」や「PPP（Public Private Partnership）」ともいわれます。公民連携の形で、水道や下水道のような公共性のある事業に民間の力を活用することには、さまざまなメリットや意義があると考えられています。

例えば総務省の「公営企業の経営のあり方に関する研究会報告書（平成29年3月）概要」では、下水道事業の改革の方向性に関して次のような指摘がされています。

・民間活用は、コストダウンだけでなく、民間の有する技術やノウハウを積極的に活用する点にも意義があることに留意すべき。
・中小規模の団体ほど新たに民間活用に取り組むことにより経営効率化の効果が出る余地が大きいという側面もあることに留意し、積極的に検討すべき。

・周辺市町村と共同することで円滑・効率的に民間活用に取り組むことができる。民間活用の共同化が広域化の取り組みにつながるなど、広域化などと併せた民間活用も有効である。

以上のことから、公民連携には、「広域化」を促進する効果もあるとみられているのです。

鉄道、郵便、電気のように、上下水道でも民間のアイデアは生かせる

そもそも、公的な性格を持った事業に〝民〟が参加すること自体は、日本でごく当たり前のように行われてきたことでした。鉄道事業、郵便事業はその典型例です。鉄道には明治のころから民間企業が経営する私鉄がいくつもありましたし、１９８７年には国鉄が民営化されています。さらに20年後の２００７年に郵便事業の民営化が行われたのは、まだ記憶に新しいところでしょう。

上下水道と同等になくてはならないライフラインと考えられている電気、ガスに関して

は、それらが日本に導入された明治時代のころから、民間企業が中心となってサービスを提供しています。

このように、公共的な事業に民間が関わっているとしても、特に大きな問題が起こっていないことは、そのサービスを利用している多くの人たちが日々、実感しているはずです。大半の日本人は特別な不満もなく、鉄道に乗り、郵便物を受け取り、電気、ガスを使っています。「郵便料金が不当に高い」「ガスの質が悪くコンロの火がつかない」などと感じている人は、おそらくほとんどいないでしょう。

だとすれば、上下水道に民間企業が関わったとしても「同じではないか?」と思うのです。

鉄道や郵便、電気、ガスと同じように、上下水道に関しても、民間のアイデアを生かしながら、公のガバナンスの下で利用者が満足のいくサービスを提供できる可能性は十分にあるのではないでしょうか。公民連携は、そのような可能性を現実のものとすることを目指した試みなのです。

第３章

上下水道における「公民連携」と「WOODAP」

公民連携の現在

公民連携はこれまで当たり前のように行われてきた

２０１８年12月の水道法改正案の可決に際して、「水道事業への民間参入」の話題がテレビや新聞、雑誌などでにわかに取りざたされるようになりました。そうしたマスコミ報道に触れたことで民間企業が上下水道事業に関わることに初めて関心を持ったという人は少なくないでしょう。

中には「民間企業に水道を任せてしまって大丈夫なのか？」「水質は保たれるのか？」「料金は高騰しないのか？」と不安を抱いた人もいるかもしれません。

しかし、実は、民間企業は、公民連携の形で10年以上前から上下水道事業に広く関わっています。多くの自治体で、水道や下水道の設計・建設、運転・維持管理、運営に何らかの形で関与しているのです。

当社においては2000年代の初めから、当社の母体となった会社で、PPP（公民連携）事業に携わっており、これまで北は北海道から南は熊本県まで数多くの自治体の上下水道事業のサポートを務めてきました。日本では現在、上下水道分野で60件を超えるPPP事業が行われていますが、そのうちのおよそ半分に当社グループが関わっています。

多様な公民連携の手法

これまで民間企業は、どのような形で〝公〟とパートナーシップを組み、上下水道事業に関わってきたのでしょうか。

一口に公民連携と言っても、そのやり方にはさまざまなタイプがあります。厚生労働省の業務分類にしたがって、水道事業において行われている主な手法を示すと、以下のようにまとめられます。

①一般的な業務委託（個別委託・包括委託）

・公の指揮下で民間事業者が持つノウハウ等を活用する業務委託方式（形式）。

・施設設計、水質検査、施設保守点検、メーター検針、窓口・受付業務などを個別に委託する個別委託や、広範囲にわたる複数の業務を一括して委託する包括委託がある。

・契約期間は3～5年が一般的。

②第三者委託

・浄水場・下水処理場の運転管理業務など、水道の管理に関する技術的な業務について、水道法上の責任を含めて委託。民間業者に委託する場合と、他の水道事業体に委託する場合がある。

・契約期間は3～5年が一般的。

③DBO（Design Build Operate）

・地方自治体（上下水道事業者）が資金を調達し、施設の設計・建設（Design-Build）・

運転管理（Operate）などを包括的に委託。
・契約期間は主に15～20年程度。

④PFI（Private Finance Initiative）

・民間が資金調達し、施設の設計・建設、運転・維持管理など業務全般を一体的に行うものを対象とし、民間事業者の資金とノウハウを活用して包括的に実施する方式。
・契約期間は20年程度。

⑤コンセッション方式

・上下水道施設の所有権を地方自治体が有したまま、民間事業者に当該施設の運営権を売却する方式。運営権者は、独立採算の原則のもとリスクを取り、創意工夫を生かした事業運営を行う。
・契約期間は20年以上が一般的。

（①～⑤は２０１９年２月６日〈水〉厚生労働省「第10回水道事業の維持・向上に関する

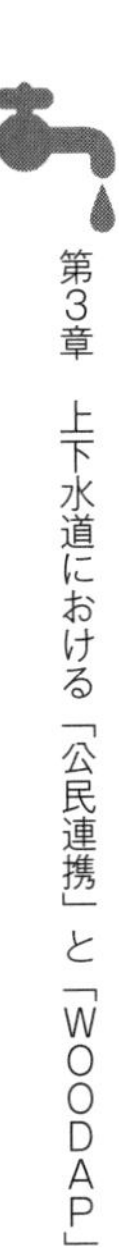

専門委員会」資料中の「水道の現状」をもとに作成）

大まかにいえば、①から⑤へと進むにつれ、〝民〟の責任がより強く求められていくイメージです。また、それに伴い事業領域や裁量も広がっていきます。

当社グループを例にすると、①一般的な業務委託（個別委託・包括委託）の段階では契約は「仕様発注」の形をとっています。「仕様発注」とは公共側が、事業に求める設備やサービス等の「処理方法、構造、サイズ、使用する素材、水質成分、製造法、試験方法など」（もしくは、やり方や要求事項（仕様））を規定する発注方式です。

一方、③DBO、④PFIの段階になると、基本的に「性能発注」になります。「性能発注」とは公共側が、事業に求める「性能」のみを規定し、仕様を受託者側に提案させる発注方式です。そのため、創意工夫の余地が増え、設計・建設から運転・維持管理まで全体を最適化した運営を図りやすくなります。

国も公民連携を積極的に後押し

大きな流れとしては、ＰＰＰ事業に関わる自治体と民間企業は増えており、事業規模も拡大しているといってよいでしょう。

その重要な背景の一つとしては、国が積極的に公民連携の取り組みを推進してきたことが挙げられます。例えば、上下水道事業への〝民〟の関与を促すことを目的として、これまでに以下のような法改正・制度改革が重ねられてきました。

①ＰＦＩ法の施行（１９９９年）

ＰＦＩ法の正式名称は「民間資金等の活用による公共施設等の整備等の促進に関する法律」です。同法によって、上下水道施設を含む公共施設におけるＰＦＩ方式の活用が可能になりました。

②水道法改正による第三者委託制度の導入（２００２年４月）

水道事業における技術上の業務の全部または一部の民間委託が可能となりました。具体的には、第三者つまり別の事業体や民間企業が浄水場の維持管理業務などを包括的に受託できるようになりました。

③地方自治法の改正による指定管理者制度の創設（２００２年６月）

自治体やその外郭団体に限られていた、上下水道施設を含む公の施設の管理・運営が民間企業でも可能となりました。

④ＰＦＩ法改正による民間提案制度の導入（２０１１年）

民間提案制度とは、民間事業者から公共施設などの管理者に対し、ＰＦＩ事業の実施について事業概要や効果、効率性に関する評価結果等を提示し、その実施を求めることができる制度です。民間ならではの創意工夫、ノウハウ、アイデアなどを事業に反映させることを目的に創設されました。また、この改正で初めてコンセッションという概念が盛り込まれました。

この他にも、厚生労働省が中心となって、官民連携推進協議会の開催（2010年〜）や「水道事業における官民連携に関する手引き」の作成（2014年3月）など、公民連携の促進を図った地方自治体や民間事業者などへのさまざまな働きかけが行われているところです。

当社における公民連携事例

前項で説明したように公民連携の取り組みはすでに数多く行われており、なおかつ着実な成果をあげてきました。

例えば、当社グループでも以下のようなPPP事業をこれまでに行ってきました。

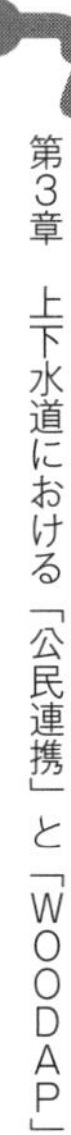

(1) 横浜市水道局 川井浄水場再整備事業

国内で初めて浄水場全体の更新と運営・維持管理、そして設計・建設に必要な資金の調達を一括して民間企業が行うPFI事業

(2) 大牟田・荒尾共同浄水場施設等整備・運営事業

国内で初めて県境をまたぐ2市の共同浄水場の新設、運営・維持管理を一括して民間企業が行うDBO事業

(3) 会津若松市 滝沢浄水場更新整備等事業

浄水場の更新、運営・維持管理と地元企業が行っていた浄水場外の送配水設備の維持管理を、当社が代表企業となり地元企業と設立した特別目的会社（SPC）が一括して行うDBO事業。地元企業と当社が協働で事業を行う会津若松方式としても注目を集める。

(4) 愛知県　豊川浄化センター汚泥処理施設等整備・運営事業

下水道事業として国内で初めて既存設備を改修して事業運営するＲＯ（Rehabilitate Operate）方式を採用し、下水処理場内の汚泥処理施設の再稼働とバイオガス発電施設の新設、運営・維持管理を一括して民間企業が行うＰＦＩ事業

(5) 大船渡市　大船渡浄化センター施設改良付包括運営事業

直近の下水道への接続率増に伴う汚水量増加と将来の人口減少で必要となるダウンサイジングという相反する課題の両方に対応した下水処理場の改良と維持管理を包括的に民間企業が行う事業

これらの事業の詳細については「資料集」のページ（１９４ページ〜）で紹介していますので、そちらもご参照ください。

公民連携の事業は全国各地で展開されている

当社の事例以外にも、公民連携の事業はさまざまな形で進められています。

例えば、広島県は２０１２年に民間企業と共同出資して、水道運営会社「水みらい広島」を設立し、広島県が保有する水道施設の維持管理、県内市町の水道施設の維持管理の受託など幅広い事業を展開しているところです。その他にも、最近の事例としては、以下のようなケースが挙げられます。

・北海道夕張市は、浄水場施設などの施設整備と維持管理および窓口等業務をまとめて依託し、事業費の低減を図るためＰＦＩ方式を導入。

・愛知県岡崎市は、男川浄水場の施設老朽化対策および耐震化を伴う更新に多大な事業費がかかるため、財政負担を効果的・効率的に抑制することを目的として、ＰＦＩ方式を導入。

・福井県坂井市は、水道メーター検針、料金収納業務などの営業部門の業務および水質検査、施設の維持管理業務などの維持管理部門の業務を合わせた21業務を包括的に委託。
・石川県かほく市は、水道事業に加え、下水道事業・農業集落排水事業を一体とした包括的民間委託を実施。
・岐阜県高山市は、市町村合併に伴い増加した施設の効率的な管理と職員数削減を図るため、指定管理者制度での浄水施設などの運営を実施。（当社も当該事業に関与）
（総務省「公営企業の経営のあり方に関する研究会」第7回、２０１６年11月25日〈金〉の資料「水道事業の抜本的な改革の方向性」を参考に作成）

もしかしたら、これを今読まれている方の市町村の上下水道の運営にもすでに民間企業が関わっているかもしれません。興味がある方は地元自治体の水道局等のホームページで確認してみるとよいでしょう。

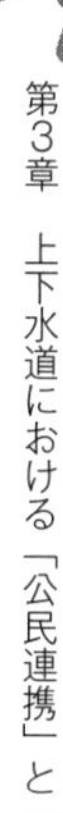

公民連携の取り組みの中で得た発想を独自のメソッド「WOODAP」にまとめる

過去の公民連携の活動の中で、民間企業は、それぞれが自治体の災害発生時の応援体制構築などの課題解決に結びつくさまざまな試みを行ってきました。

当社の例を挙げると、自治体Aの業務で地元採用した社員たちを、遠方の自治体Bにある上下水道施設の作業のサポートとして派遣することがあります。派遣された社員からすれば、普段働いている環境とは違う場所で作業するため、いつもとは違った新鮮な気持ちになれますし、いずれ派遣された場所の業務の中身・やり方を学んで帰ってくることになります。

こうすることで、自治体Bで災害などが起こり上下水道施設の復旧支援を求められたときにも、すぐに出向いてスムーズに対処することが可能となります。また、いざというときに他の場所から人員を派遣してもらえるのなら、自治体では、何かあったときに動員する職員をセーブでき、人手の問題がある程度解消されることが期待できるわけです。

このような地域をまたいで人材を共有する発想など、公民連携事業を行ってきた過程で得た数々の気づき、アイデアなどを当社では後述するように、「ＷＯＯＤＡＰ」という大きなメソッドにまとめ上げています。

上下水道の課題解決のためにはＩＣＴが必要

さらに、現場のバックアップや上下水道の課題解決を実現するためには、先端技術の利用、とりわけＩＣＴ（情報通信技術）の積極的な活用が求められることになるでしょう。

例えば、老朽化の問題にしても、設備や管路の劣化が物理現象である以上、それを食い止めることはできません。

特に管路については交換や大規模な補修をする以外に解決策はありません。

限られた資金の中で最大限の効果を得るためには、重要性の極めて高い部分は交換し、それ以外は劣化診断により優先順位を決めて補修するといった合理的なプログラムを作成して更新作業を進めていくことが必要になります。

そして、こうした劣化診断を行ううえでは然るべき情報の収集が欠かせません。

いつ埋設した管路なのか？

同じ地層で過去に修理した時の写真は？

修理の頻度は？

これらのデータはどれも、常日ごろから意識的に収集しておくことが求められます。いざ必要になった時に、慌てて集めようとしても遅すぎます。そうした平常時からのデータ収集を行うためにはＩＣＴの仕組みが必要となるはずです。

ＩＣＴは施設の省エネ化のためにも活用できる

ＩＣＴは施設の省エネ化にも大きな効果を発揮すると考えられています。

例えば、これまで下水処理場では、その中枢といわれている水処理設備の消費電力の削減や温室効果ガス抑制のために、散気設備や送風設備など、設備単体で省エネ化する取り組みが行われてきました。

しかし、こうした設備による部分的な最適化では、エネルギーの削減に限界が見えています。処理水質を確保しながら、より一層のエネルギーの削減を目指すために、施設全体での最適化が求められています。

最先端のセンシング技術やＩｏＴ、ＡＩも含めたより高度な制御技術を適用することで、従来のような設備単体の部分最適化にとどまらない、施設全体での効率化かつエネルギー最適化を実現できるでしょう。

モノからコトへ、時代の移り変わりにWBCを開発する

公民連携に関わる民間企業は、上下水道事業の合理化、効率化につながるこうしたＩＣＴの研究・開発に努めてきました。

当社の例を挙げますと、独自のクラウド型プラットフォーム「ウォータービジネスクラウド（Water Business Cloud。以下、ＷＢＣ）」があります。このＷＢＣは、私が代表取

締役になる以前に、自ら指揮を執って開発を進めました。

会社が発足した当時、2008年から2009年にかけて、世間では、これからの消費は〝モノからコトへ変わる〟と盛んにいわれていました。そこで、私も「いずれモノ（ハード）が売れなくなる時代がくる、生き残るためには、コト（情報）を売るサービスも始めなければ」という思いを抱くようになったのです。その一つの形がクラウドのサービスでした。

上下水道事業の運営現場で扱う情報にはセンサーなどから発信される「モノ情報」の他に、人の感覚的な情報、すなわち気づきや経験から得られる「コト情報」があります。「モノ情報」はもちろん「コト情報」まで、クラウドにより自動で収集できる仕組みを作り、自由に活用できるようにすることを考えたのです。この「コト情報」を収集・活用する仕組みを「IoT（モノのインターネット）」と対比させる形で、「IoX（Internet of eXperience＝コトのインターネット）」と称し、この仕組みを実現するプロジェクトを、外部の協力会社のスタッフも入れてわずか3人ほどでスタートしました。

そのころは、クラウドという言葉も概念もまだまだ日本では知られていませんでしたから、最初のうちは社内でも全く理解を得られませんでした。話をしても、「クラウドだけに雲をつかむような話だね」とまともに取り合ってもらえないこともありました。そうした中、当時の社長と副社長から「いつか役に立つに違いないから、とにかくやってみなさい」と言われたことで、とても勇気づけられたことを覚えています。

その後は「もしかして自社ビジネスを大きく変える事業になるかもしれない」といった機運が徐々に社内で高まっていき、「もっと開発費を使って派手にやれ」といつしか一大プロジェクトとなっていました。

中規模自治体の利用を契機に全国へ普及

ＷＢＣの開発は無事に成功し、２０１１年4月に誕生の日を迎えました。実は、当初、「メタウォーター・クラウド」というネーミングの案もありましたが、水道でつながる多くの人々のための情報基盤として広く活用してもらうことを願い、社名を外すことを決めました。

ＷＢＣは主に以下の三つのサービスから成り立っています。

①「広域監視サービス」

各種施設の稼働状況、水位・水質・圧力などのモニタリングデータをインターネット経由で閲覧できる。

②「アセットマネジメントサービス」

事業者が保有している施設設備の運転・稼働情報、故障情報、保守情報などをデータセンターで一元管理し、資産管理の最適化を図る。

③「遠隔支援サービス」

遠隔地から運営現場作業員の判断や業務を支援する。

これらのサービスは、本来であれば人口規模の大きな自治体でしか実現できない高度でコストがかかるものです。それが、クラウドを活用することで、中規模自治体でも利用できるようになったのです。

おかげさまで、ＷＢＣはその性能を広く認められ、立ち上げ以来、全国41都道府県に納入されています。

資料10　WBCのサービス

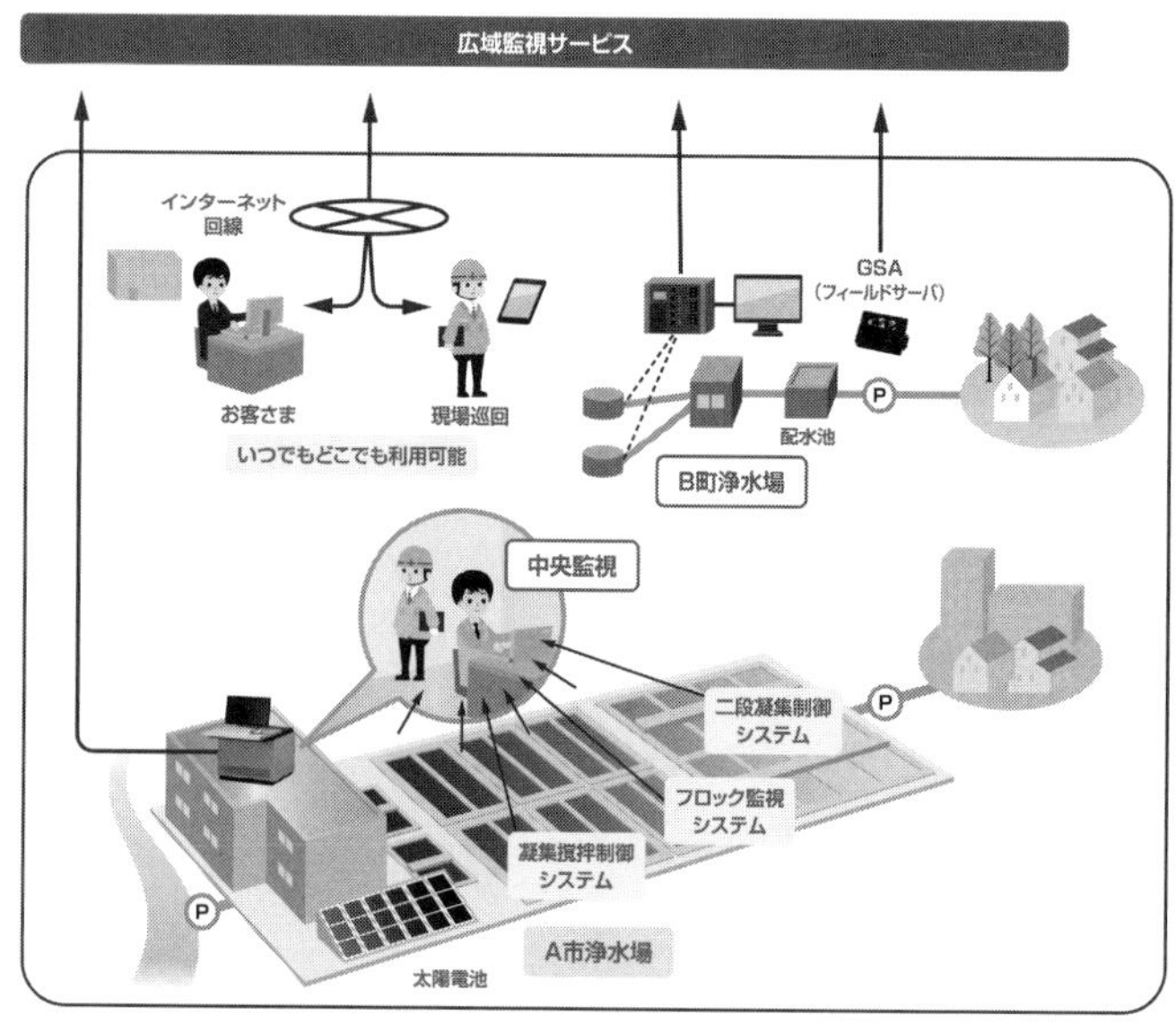

情報が自然に集まる仕組み、後で使える格納方法を実現する

ＷＢＣの開発に際して、「情報をどうやって格納するのか？」「どのようにすれば、情報が自然に集まる仕組みと後で使える情報の格納法を構築できるのか」ということが大きな課題となりました

その問題解決のために、考え出したのがさまざまな情報を場所と時間で管理する技術である「ＣＡＮ（Curation Adress Number）」です。

具体的には、浄水場や下水処理場で点検作業等の対象となる設備等にＱＲコードに似たタグが貼られており、そこにタブレットをかざすとチェック項目等が示され、「どのような作業を行えばよいのか」「作業が終わったら次に何をチェックすればよいのか」などの情報がタブレット上で伝えられる仕組みとなっています。

このように作業手順の情報を「ＣＡＮ」に収めて容易に引き出せるようにすることで、新人の作業員でもベテラン作業員と同じようにすぐに作業を行うことが可能になるわけです。

クラウドに蓄積したデータを技術継承に活用する

また、ＷＢＣに関しては、そこからさらに派生したさまざまなＩＣＴシステムなどを開発して、ユーザーに提供したり、もしくは自ら利用したりしてきました。

一例を示すと、現在、ＷＢＣのサービスの一環として「ＳＦＮ（Smart Field Note）」と「ＳＦＶ（Smart Field Viewer）」というデータツールを提供しています。

ＳＦＮは日常点検などに使うもので、クラウドサーバーに登録したシナリオなどに基づき、タブレット端末などで点検作業を行い、得られたデータをクラウドセンターに蓄積します。タブレットの特長を生かして、テキストだけではなく、写真や動画などもデータとして残すことができます。

一方、ＳＦＶは機器などを特定して、故障や保全履歴などのデータを蓄積・閲覧することを可能としたものです。ベテラン職員が巡回したときに異常を発見したり、違和感があるといった「気づき」がデータとして自動的に蓄積されていくため、新人への技術継承にも活用できると考えています。

また、蓄積されたデータを、クラウドを介して装置メーカーも閲覧できれば、現場での使用状況が把握できるようになり、新製品の開発にも役立てられます。さらに、現場でメンテナンススタッフが設備の故障や取り扱いがわからないといった場合に、タブレットを通じてメーカーと直接、相談できる仕組みを作ることも可能です。

AI（人工知能）によって上下水道の運営が抜本的に変わろうとしている

AIやビッグデータなど、先端技術は日進月歩の勢いで進化しています。ICTの活用を進めていくうえでは、そうした最新の先端技術の成果を着実にフォローし、積極的に取り入れていくスタンスが求められることになります。

ことに、AIに関しては今後の上下水道の運営のあり方を抜本的に変える可能性を秘めているため、当社でもその関連技術の研究・開発に努めているところです。

例えば「深層学習（ディープラーニング）」と呼ばれる分析手法を活用して、建設現場の労働者の一人ひとりがヘルメットを被っているかどうかなど、安全対策の状況をリアルタイムでカメラの画像解析により自動識別できるようにしています。作業員が間違って立ち入り禁止区域に入っていないかなども分析することが可能です。

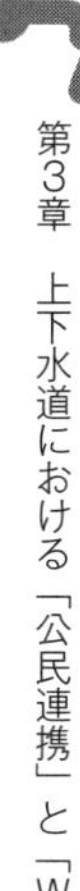

また、今後は、ＡＩによるサイバー・フィジカルシステム（Cyber-Physical System：ＣＰＳ）の構築が広く行われるようになるでしょう。ＣＰＳは現実世界（フィジカル空間）でのセンサーネットワークが生み出す膨大な観測データなどをクラウド（サイバー空間）で分析し、現実世界にフィードバックするシステムです。

これまで、多くの事象について人が「経験と勘」だけを頼りに解析し、結果を導き出していました。ＣＰＳができれば、さまざまな分野の事象が自動的に解析され、必要なときにわかりやすい形で結果が提供される社会になると考えています。

例えば水処理の分野であれば、次のようなイメージが思い浮かびます。

「ＡＩがある地域にこれから雨が降ると認知して、時間とともに変化する雨量や雨水の流れ方を予測し、設備に流れ込む水流を制御するいくつもの水門をどこからどの順に閉めるべきかといった高度な判断と指示を自動的に出してくれる」

ＷＢＣなどのシステムにも、こうしたＡＩ技術の成果を反映しつつアップグレードしています。

〝公〟とICTを共同で活用する取り組みも行われている

こうしたICTツールを開発する過程では〝公〟と共同でICTを活用する取り組みを行うこともあります。

例えば、国土交通省が実施している「平成30年度下水道革新的技術実証研究（B-DASHプロジェクト）」では、当社と大阪府池田市、岐阜県恵那市が共同提案した「クラウドを活用し維持管理を起点とした継続的なストックマネジメント実現システムの実用化に関する実証事業」が、実施事業として採択されています。

「B-DASH」は「Breakthrough by Dynamic Approach in Sewage High Technology Project」の略です。下水道事業において抱えるさまざまな課題に対応するために必要な新技術の開発・活用について、国が主体となって、実規模レベルの施設を設置して技術的な検証を行い、ガイドライン化して革新的技術の全国展開を図っていくことを目的として平成23年度より行われている実証事業です。

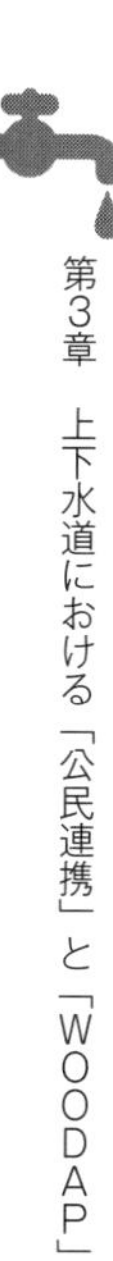

老朽化施設の増大が見込まれる中で、効果的なストックマネジメントが求められています。そこで、この事業では、下水道施設における設備・機器のさまざまな点検結果などの維持管理データを、ＩＣＴとクラウドを用いて一元的に収集・整理（蓄積）して活用することで、効率的かつ継続的なストックマネジメントが実現できることを試みています。

実証フィールドは、大阪府池田市下水処理場と岐阜県恵那市浄化センターの他5施設で、以下の三つの要素技術をクラウド上に構築しました。

①データ一元収集整理システム

さまざまな場所・種類の維持管理データの収集・整理の効率化および一元的管理を実現

②リアルタイム評価可視化システム

収集・整理されたデータを用いた健全度の評価・可視化を連続的に実施

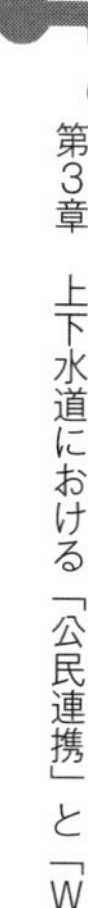

③性能劣化予測支援システム

データ解析を通じた劣化予測パターンの作成や簡便な健全度評価指標抽出による劣化予測

これらの要素技術により、通常業務の一環で得られる情報を活用し、ＰＤＣＡが回せることで、効率的かつ継続的なストックマネジメントを実現します。

第4章

「WOODAP」は
公民連携の未来を切り開く

安全・安心な水道水が使えるのは全国各地で水インフラを守り続けてきた人たちがいたから

日本の上下水道について特筆すべきことは、その技術・管理レベルが世界的にみて最高水準にあることです。

一例として、「漏水率」が世界でも極めて低いことが挙げられます。漏水率とは、水が水道管を通って利用する場所に至るまでに漏れる割合のことを「漏水率」と言いますが、この値が諸外国と比べて著しく低いことが挙げられます。

漏水率は、メキシコシティで約35％、ロンドンで約26％、モスクワで約10％であり、世界の大都市の平均は10％前後とされている中で、東京都は3・2％という驚異的な実績を誇っています。

この漏水防止のために、漏水音を聴き取ることを目的とした音聴棒や電子式漏水発見器などの専用の機器が使われていますが、それをうまく使いこなすうえでは、以下で触れられているように〝職人技〟が求められます。

「音聴棒や電子式漏水発見器で聴き取れる音の中には、漏水音に非常によく似た音（疑似音）があります。そのため、漏水音の聴き分けには、熟練した技術が必要です」（東京都水道局「東京の漏水防止　平成28年度版」より）

また、全国の家庭や学校、公園等の蛇口から出る水は、浄水場できれいにろ過され、消毒も終えた状態で届けられています。

もちろん、そのまま飲んでも大丈夫です。私たちは当たり前のように思っていますが、衛生面で心配のない安全・安心な水道水がいつでも使える国は決して多くありません。国土交通省がまとめたデータ（資料11）によれば、世界の中で水道水を蛇口からそのまま飲める国はわずか9カ国に過ぎないのです（国土交通省「平成30年版　日本の水資源の現況について」より）。

私たち日本人が広く、このような最高レベルの上下水道の恩恵を受けられるのは、日頃から、全国各地の上下水道職員の方々が、地道に上下水道管等の施設の点検を重ね、その

改善を続けるなどして、水インフラを守り続けてきたからこそなのです。

資料11　水道を安全に飲める国々の図

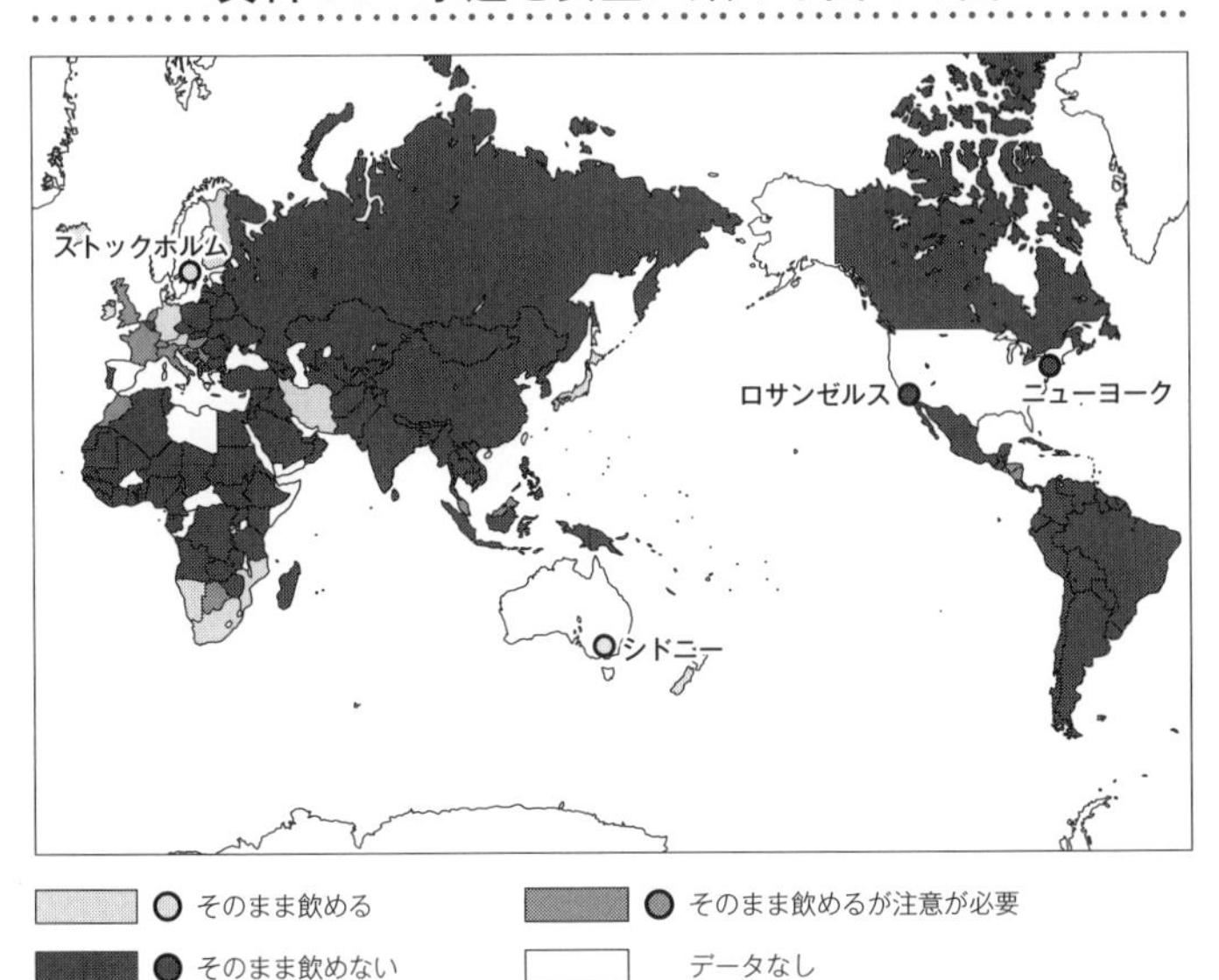

(注) 1. 国土交通省水資源部作成
2. 国単位のデータは、外務省ウェブサイト「各国安全情報」及び国際協力機構（JICA）ウェブサイト「国別生活情報」による
3. 都市単位のデータは日本航空（JAL）ウェブサイト「海外現地情報」による

(国土交通省「平成30年度版　日本の水資源の現況について」より)

「WOODAP」が公と民を共通の判断基準でつなぐ

上下水道をめぐる数々の課題を解決するために、これからさらに公民連携の取り組みを進めていくことが求められています。

もっとも、〝公〟と〝民〟は、それぞれの立場の違いから、異なった価値観や考えを持つため、双方が理解し合い、同じ方向を向くことは必ずしも容易なことではありません。公民連携をスムーズに進めていくためには、〝公〟と〝民〟が共通の判断基準のもとで、課題解決を目的とした議論や実践を行えることが必要になります。そうした行政と民間が共有できる土台や枠組みの一つの選択肢として、当社では「WOODAP」を提唱しています。

「WOODAP」は、災害時の早期復旧を核とした設計・建設、運営・維持管理の考え方です。

Wは水（Water）だけでなく知恵（Wisdom）や工夫を意味しています。お金がないことへの対策としてまず知恵が重要なのです。そして、Ｐは準備（Preparation）です。わかりやすい〝明確な目標〟の達成に向けて備えることです。〝ＷＯＯＤＡＰ〟では〝明確な目標〟を〝タイムライン〟と呼んでいます。知恵と準備ではさんだＯＯＤＡこそが目指すところです。明確な目標を設定して、その目標を達成するためにはどうしたらいいのか、みんなで知恵を出し合い、いざとなった時に現場が正確な判断を行えるように準備をすることです。別の見方をすれば、〝ＷＯＯＤＡＰ〟はＰＤＣＡサイクルとＯＯＤＡループの２つをつなぐことを目指しているともいえます（１２３ページ参照）。

上下水道事業で何よりも大切なことは、どんなときでも市民に水を供給し続けること、下水の処理を滞りなく行うこと、雨水の排除を確実に行うことです。そのためには、激甚災害のような大きな災害が発生してもすぐにインフラを復旧できるシステムを用意しておくことが必要になります。

そして、激甚災害を想定し事前に対応することと、長期的に施設を運営・維持管理することはほとんど同じといえます。短期的に復旧しなければならない施設は長期的にも重要な施設だからです。

施策や施設更新の優先順位、維持管理の手法も危機管理をベースにすることで、すべきことが明確になってきます。このように激甚災害を想定した危機管理を前提とすることにより、公民の関係者の知恵を集約することが可能になるはずです。

つまりは、激甚災害を想定することが異なる立場や価値観を持った者同士の共通の判断基準となるのです。

その共通の判断基準のもとで、〝公〟と〝民〟が一心同体となって、上下水道の課題に取り組んでいく――「WOODAP」はそんなフレームワークの役割を果たすものです。

本章では、このような「WOODAP」の詳細について紹介していきますが、まずはその誕生の経緯からお話ししましょう。

WOODAPの誕生 ――3・11で崩れた神話、それでも絶えぬ希望

「WOODAP」の構想を得る大きなきっかけとなったのは、2011年3月11日に起こっ

た東日本大震災でした。

当時、スーパーやコンビニエンスストアから飲料水が消える中で、災害時の水の確保の難しさ、ひいては水の大切さを痛感した人も多いと思います。

私が、個人的にこの震災を通して何よりも強く感じたのは「絶対神話の崩壊」でした。それまで、私は費用さえかければどんな災害にも打ち勝てる施設を作れるという現在の技術に対する過信がありました。

しかし、想像を超えた大自然の脅威に直面して、エンジニアとしての自信と誇りは一瞬で崩れました。「絶対はない」ということをいやおうなく認識させられ、「自然を相手にすることは、そんなに生易しいものではない、考えを変えなければ」と思い改めさせられたのです。

一方で、震災の光景の中には、希望を捨てずに、互いに助け合いながら復興に向けて懸命に活動する被災者たちの姿がありました。

海外のマスコミ報道の中には、そうした人々の姿を、レジリエンス（resilience）という言葉を使って讃えているものもみられました。

レジリエンスは、「抵抗力」「耐久力」などと訳されます。竹が厚く積もった雪をはねのけて育つように、何があっても、いったんはそれに従うけれど、最終的にはすぐ戻る――そうした「しなやかな回復力」を意味します。

震災の中で発揮された驚異的な日本人のレジリエンスを目の当たりにして、私は、この発想をこれからの上下水道の設計・運営に取り込むべきではないか、施設が壊れないようにすることよりも、むしろ壊れたときにいかにそれを回復させて延命を図っていくかが大切なのではないか、と気づいたのです。

レジリエンスの考えは日本の上下水道の現状に即している

このレジリエンスの考えは、日本の上下水道事業の現状にも即したものといえます。

これまで上下水道をどのように維持していたかを簡単に言えば、古くなった設備を一定の間隔で全部新しく入れ替えていたわけです。つまりは、自宅のパソコンや自動車を古くなったら買い替えるようなイメージです。

お金があるときには、そうした対応が十分に可能でした。しかし、上下水道事業の経営が厳しくなる中で、今までのように簡単に新しい設備に買い替えてパフォーマンスを維持するという方法は難しくなっていきます。

むしろ既存の設備をどのように生かしていくか、壊れたときにどう回復して元通りに使っていくかが求められているのです。

設計と現場のギャップを埋めるためにライフサイクルコスト（ＬＣＣ）の最小化を図る

公民連携の取り組みを進めていく中では、社内の設計部門と運営現場との間に軋轢が起きやすくなります。設計と運営のバランスがスムーズに取れなければ、ＰＰＰ事業にマイナスの影響がもたらされる恐れがあるため、「どう両者の折り合いを付けていくのか」は、どの企業にとっても、大きな悩みの種だと思われます。

当社の場合には、この課題の解決手段を、当初「ライフサイクルコスト（ＬＣＣ）の最小化」に求めました。

具体的には、一定期間を設定して、その間のライフサイクルコストを最も小さくできるやり方について、「初期コストは高いがメンテナンス費用がかからない形」がいいのか、それとも「初期コストは低いがメンテナンス費用がかかる形」がいいのかを検討させながら、設計と運営のスタッフで考えました。

その検討過程を通じて、両者が自然と同じ方向を向いて、仲良くチームを組んで話し合う状況が生まれることを期待したのですが、そうはいきませんでした。

どうしても、上流にいる設計側が主導権を握ってしまい、その意向が強く影響された形でコストが計算され、運営現場側の意見・考えはほとんど反映されないままに終わってしまうことがわかったのです。

〝キングギドラ〟という共通の敵が必要だ

このように、ライフサイクルコストを軸に部門間の調整を図ることは、必ずしも望んだ結果につながらないことがわかりました。

設計と現場のギャップを埋めるためにはどうすればよいのか——悩み続けた中で、頭に思い浮かんだのは、子どものころに映画館で見た、ゴジラとモスラの映画『三大怪獣 地球最大の決戦』でした（最近『ゴジラ キング・オブ・モンスターズ』というリメイク映画がハイウッドで制作されましたので、ご覧になった方もいらっしゃるのではないでしょうか）。

ゴジラとモスラは仲が悪く、ケンカばかりしています。

しかし、宇宙超怪獣のキングギドラが地球を襲ったときには、「これは手ごわい、一対一で相手をしていたらやられてしまう」と、一時休戦してタッグを組んで戦う戦略に出ました。モスラが糸を浴びせて動けなくしている間に、ゴジラが火を出して、見事、キングギドラを撃退することに成功したのです。

このような〝キングギドラ〟がいれば、ゴジラとモスラのように設計と運営がうまくチームを組むことができるのではないか、両者のギャップを埋めることができるのではないかということです。また、PPPの三つ目のPは「連携」を意味します。「キングギドラ＝

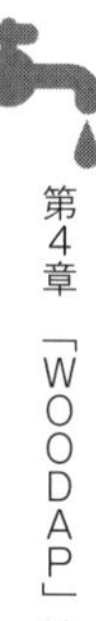

共通の課題」を軸として、公と民、設計と運営、メーカーとユーザーをうまく結びつけることも可能になるはずと考えました。

〝キングギドラ〟は激甚災害だった

ライフサイクルコストの最小化という目標設定では解消できなかった、設計と運営のギャップを埋めるために、私は〝キングギドラ〟を求めました。

問題は「一体、何がキングギドラなのか」でしたが、その答えが図らずも震災の中で見つかったのです。

震災が起きたときには、何を一番に復旧すべきか、それを最速で復旧させるためにはどうしたらよいのかをまず考えなければなりません。

そのときには、設計の立場も運営の立場も吹き飛びます。皆が懸命に知恵を出し合って、最適な解を急いで見つけなければなりません。

実際、東日本大震災のときには企業間のビジネス競争ではなく、復旧のために何を一番優先すべきかが議論され、意思決定がなされました。これはすなわち、価値観の違う者同士でも共通の判断基準ができたということです。

だとすれば、最初から「激甚災害が起こったら」を念頭において議論すればよいのではないか、激甚災害をキングギドラとみなして、ゴジラとモスラのように一致団結して問題に取り組めばよいのではないかと思い至りました。

そして、こうした激甚災害を想定して復旧業務をシミュレーションするやり方、すなわち「災害から早期復旧することを目的に、設計・建設、運営・維持管理のあり方を再構築する仕組み作り」は、PPP事業を進めていくうえでも〝公〟の側に受け入れられやすいのではないかと考えたのです。

このように、「WOODAP」のアイデアは東日本大震災をきっかけとして生み出されたものですが、その具体的な中身には、震災以前から今に至るまでの公民連携の取り組みの中で、私たちに蓄積されてきた知見やアイデアなどが盛り込まれています。つまりは、前述したようにこれまでのPPP事業の経験の中で得てきた、あるいは試してきた、事業の効率化や合理化に結びつくさまざまな気づきや発想、工夫がノウハウやシステムとして

まとめられています。

以下では、そうした「ＷＯＯＤＡＰ」のノウハウやポイントなどについて詳しく取り上げていきましょう。

レジリエンスの視点ではレンガの家よりもワラの家

まず、ＷＯＯＤＡＰの最も大きな核となるのは、前述した「レジリエンス（しなやかな回復力）」の観点から、上下水道の業務全般を見直すことです。

その見直し方のイメージを、私はよく「三匹のこぶた」の寓話を使って説明しています。子どものときに絵本などで読んだ方も多いでしょうが、「三匹のこぶた」は、こぶたの3兄弟のお話で、長男が作ったワラの家や次男が作った木の家は狼を防げず、三男が作ったレンガの家だけが狼から逃げられるという、「勤勉であること」の尊さを諭すストーリーになっています。

しかし、これは地震の少ない西洋の寓話で、日本をはじめ地震の多い国ではレンガの家の方がかえって危険な場合もありますし、復旧に時間を要することも大きな弱点です。

私を含め多くのエンジニアは、あまりにも「レンガの家」を崇拝し、過信してきたとも言えるかもしれません。

レンガの家が地震に弱いなら鉄筋を入れ、より強固な耐震基準を標準にしよう——とひたすら頑丈なものを作ることに精根を傾けてきたのです。

しかし、東日本大震災をはじめ、昨今の激甚災害はこんな考え方を根底から覆してしまったと思います。

むしろワラの家の方が、簡単に作ったり直したりできるメリットを生かし、何があってもすぐに復旧できる設備といえ、レジリエンスの視点では優れた家だと言えるのではないでしょうか。

ワラの家にした場合、もしかしたら、オオカミ対策として、警備会社と契約するというリスクヘッジが必要になるかもしれません。

しかし、警備会社にサポートを依頼したとしても、トータルコストでみれば、レンガの家を建てるよりも、ワラの家にする方がはるかに安上がりで済むはずです。

「ワラの家＝チープな施設」ではない

もっとも、〝ワラの家〟にするといっても、ただチープな施設を作ればよいというわけではありません。

施設のパフォーマンス（P）は設備の能力（ファシリティ力：F）と、それを運用する人の能力（オペレーション力：O）の掛け算で表されます。

掛け算ということはお互いを補完できるということです。人手不足でオペレーション能力が足りないときは、自動運転を導入するなどのファシリティ能力でカバーする、一方で施設が老朽化したときなどファシリティ能力が小さくなったときは熟練者を投入するなど、オペレーション能力でカバーしていくことが求められます。

上下水道事業が地域ごとに行われている以上、公民連携においても、地域に応じた対応や配慮が求められます。「P＝O×F」を意識してオペレーション能力とファシリティ能力の比率を最適にし、その地域に適合した比率を見つけることで、地域に寄り添ったレジリエンスが実現できるはずです。

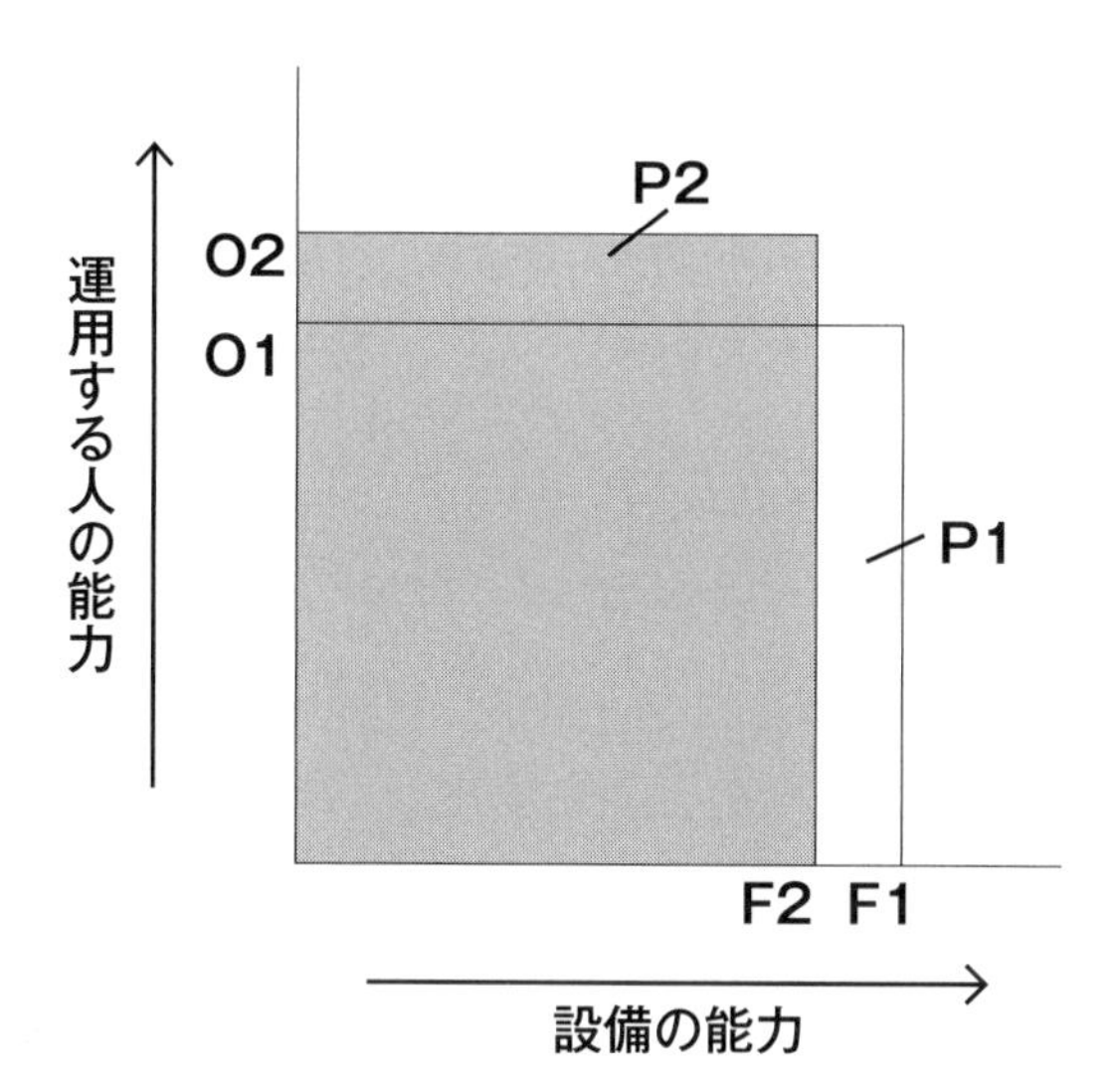

新設当初の設備の能力F1がF2に経年劣化した時、運用側の能力をO1からO2に引き上げることで施設のパフォーマンスを保つことができる（P1=P2）

復旧の出発点はタイムラインコントロール

レジリエンスの観点から業務を見直すうえでは、このように〝ワラの家〟を作る発想が、つまり「どうすれば壊れないか」よりも「壊れた時にすぐに復旧するには」という意識を持つことが求められます。

この「すぐに」は、いつまでなのかを数字で明確に定めなければなりません。「〇時間で〇〇を直す」「〇日間で〇〇を復旧する」というように具体的な時間や日にちを設定して初めて、そのために何をするべきなのか、行うべき行動と計画が決まるからです。

また、このように時間設定を行うか否かで、上下水道の復旧を待つ市民の気持ちも大きく変わってくるでしょう。

例えば、水が止まったときに、「可及的速やかに頑張ります」と言われるだけでは、不安になり「いつだ、いつだ、すぐやれ」といら立ちを募らせることになるかもしれません。

それに対して、「3時間で元に戻します」と言われれば、「3時間我慢すれば水が使える。

良かった……」と安心を得られるはずです。

このように、〝壊れること〟を一定まで許容したうえで、タイムラインにしたがい、一定のサービスレベルまで高速復旧する考えを、私たちは「タイムラインコントロール」と呼んでいます（資料12）。

資料12　タイムラインコントロール

“タイムライン”という概念

「どうすれば壊れないか」→「壊れたときにすぐに復旧するには」

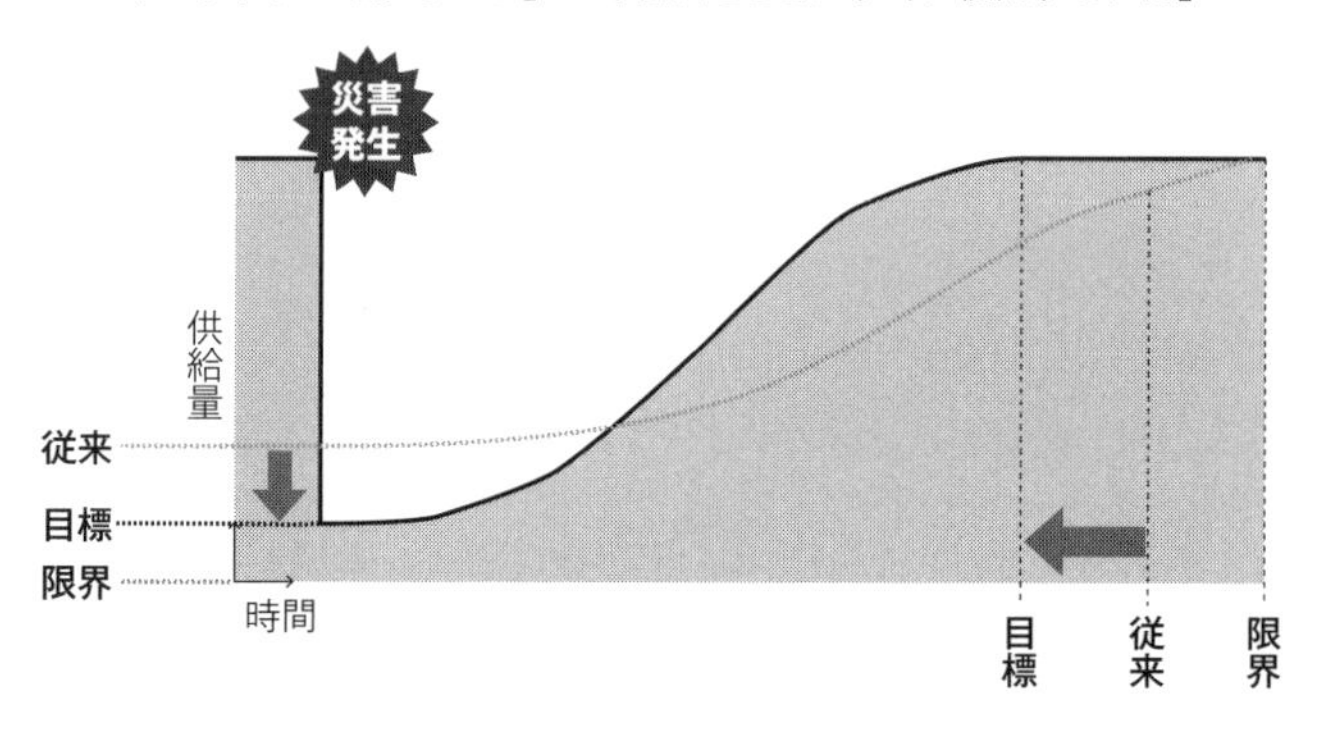

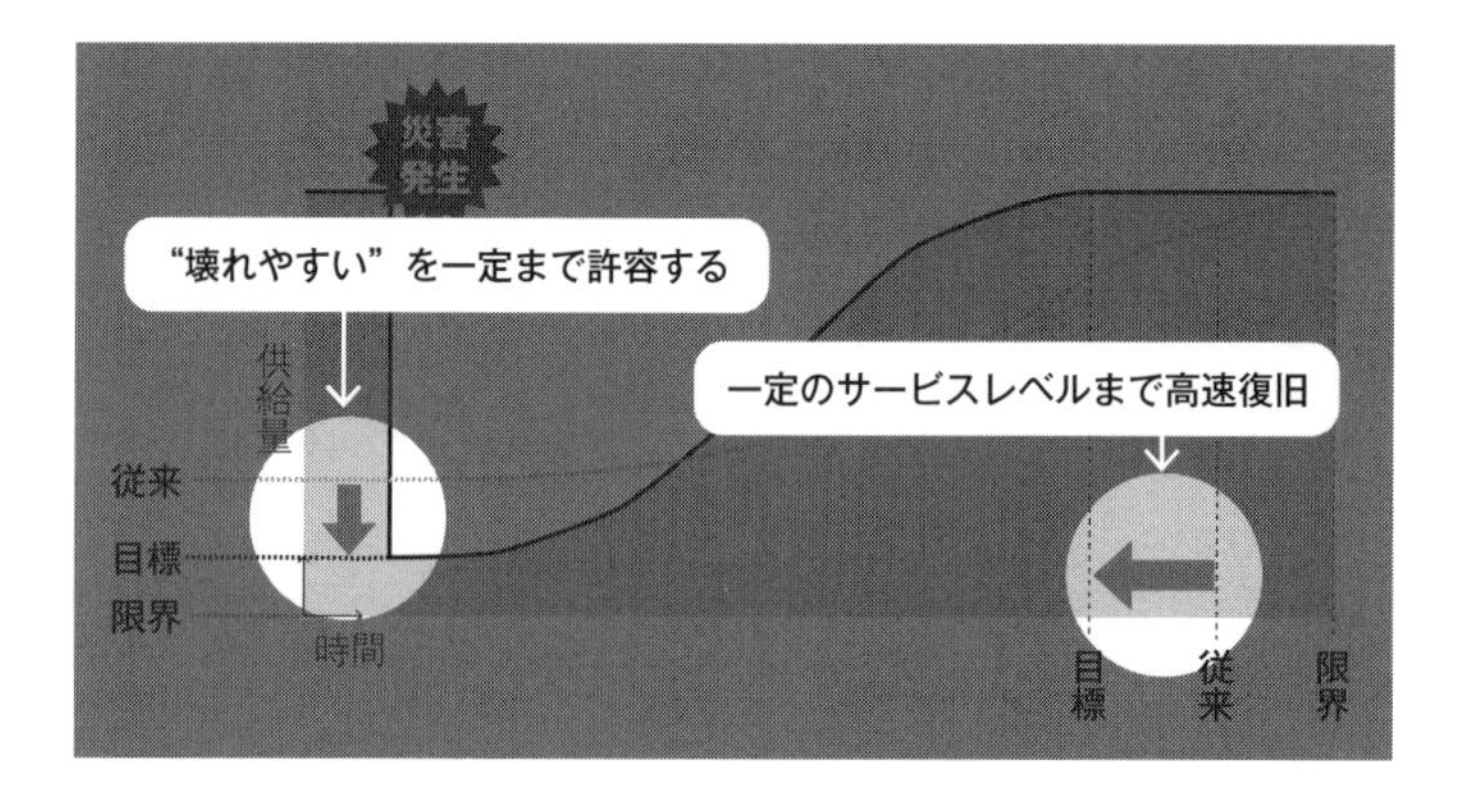

OODA（ウーダ）を活用して現場力を高める

状況が刻一刻と変わる緊急事態の中では、現場の臨機応変な対応が求められます。

そうした、いざというときの現場力を高めるためには「ＯＯＤＡ」のスキルを活用することも有効です。

ＯＯＤＡは、「Observe（観察）」「Orient（方向づけ）」「Decide（決定）」「Act（行動）」の四つの活動の頭文字を組み合わせたもので、その四つの一連の活動を通じて、状況に応じた適切な意思決定を行う手法です。

このＯＯＤＡでポイントとなるのは、何よりも先にまず観察を行う意識を持つことです。現場の状況をよく見て分析することによって初めて、さまざまな選択肢の中から、「本当に必要なことは何か」を選び決断することが可能になるわけです。

また、ＯＯＤＡに基づいて臨機応変な対応を行うためには、迅速な意思決定が求められます。

そのため、組織的な形でOODAに取り組む場合には、現場への「権限委譲」が必要になります。

例えば、地方で災害が起こったときに、上下水道の運営を実際に行っている現場チームが逐一、東京の本社に指示を求めなければならないような体制では、OODAではありません。

現地法人に然るべき権限を与え、観察、判断、決定、行動の一連のプロセスがすべて現場チームで完結する仕組みを整えることが必須となるでしょう。

PDCAサイクルで設定された目標（タイムライン）に基づき高速事後復旧を進める

前述したタイムラインコントロールに基づき、復旧を進めていく仕組みを「高速事後復旧オペレーション」と名付けています。

想定をはるかに超える自然の猛威を前にしては、障害の未然防止を意図した網羅的な復旧計画がどれだけ効果を発揮できるかわかりません。

それよりも、障害の高速復旧を図り、柔軟な復旧実践に取り組むことを重視する方が有効かもしれません。

そうした観点から、高速事後復旧の作業をどのように進めるべきかを検討し、以下のようなOODAループとして、①観察、②方向づけ、③意思決定、④行動という四つのプロセスを高速で回すことを提案しています（資料13）。

①観察

障害発生によって引き起こされるリスクを把握・評価するプロセスです。外部情報などを活用して、水道でいえば水源や浄水場、配水池などのリソースの状態を把握することが重要で、なるべく実際に目で確認するように心掛けます。

②方向づけ

集めた情報を分析し、全体の情勢を判断した上で、方向づけを行うプロセスです。ここ

で復旧体制や大まかな復旧方針を確認します。

③意思決定

リソースの状況に応じてリスク対応方針を決定するプロセスです。ＰＤＣＡサイクルで設定した「いつまでに復旧するかという目標」の実行可能性の確認も含めた対応方針を決めます。

④行動

対応方針に基づいて復旧作業を実行するプロセスです。復旧作業の進捗管理はタイムラインの形で関係者が共有できるようにします。

資料13　PDCAサイクルとOODAループの連結

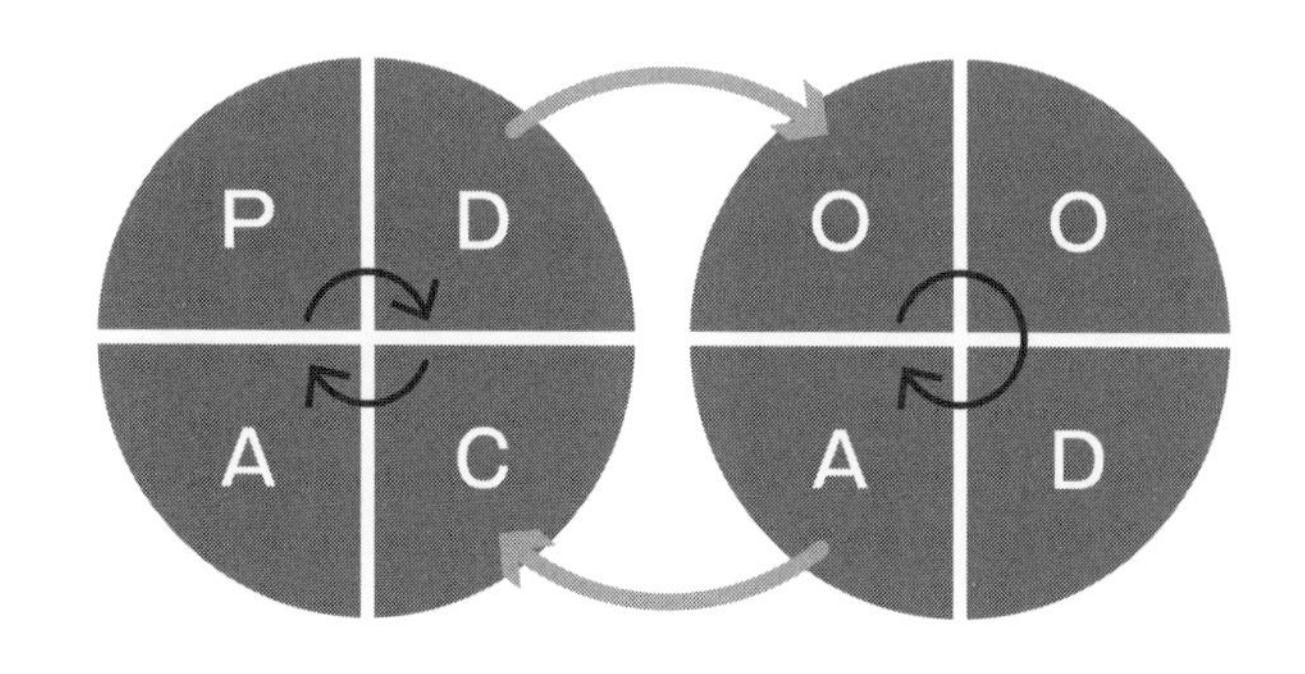

高速事後復旧オペレーションは設計・建設にまで広げていくことが必要

大切なのは高速事後復旧を訓練として実践し、その結果をPDCAサイクルにフィードバック（資料13のようにPDCAからOODAにつなげ、OODAの問題点をPDCAにフィードバック）することです。そのときの最大のチェックポイントは、あらかじめ決めたタイムラインが実行できたかどうかです。これは初めての訓練ではなかなか難しいことです。何度か訓練を実施することで実現するように努力すればよいと思います。

また、高速事後復旧オペレーションは、形式的にはレジリエンス視点からオペレーションのあり方を見直すものですが、こうした見直しの取り組みは運営だけではなく、設計・建設にまで広げていくことが必要になります。

立場を超えて「知恵の輪」で課題を解決する

こうしたタイムラインの考えに基づく高速事後復旧のオペレーションを実現していくうえでは、異なる部門に所属するスタッフたちが立場を超えて課題解決のための知恵を出し合うことが求められます。

これを、当社では「知恵の輪」と呼んでいます。

例えば、ろ過設備が機能を喪失して、4時間以内にその機能を回復しなければならないとします。

この復旧作業には、プラント設計、現場のオペレータ、保守担当などさまざまな部門、部署のスタッフが関わってくることになります。

そうした当事者全員で、「4時間以内でろ過設備を動かせるようにするためには、何をしなければならないのか」という課題に対する答えを見つけるために皆で話し合うのです。

プラント設計からは現場のオペレータに「普段どのような運転をしているのか」、現場の

オペレータからはプラント設計に「他の事例はどうなのか」などと各自の立場からそれぞれの意見が出てきます。

そうしたメンバー全員の話し合いの結果、導き出された最適解を実現可能かどうかチェックしたうえで、実際のアクションに移していくのです。

「知恵の輪」を実践すれば部分最適の限界から抜け出せる

前述のように、ライフサイクルコストの最小化について検討させていたときには、設計が主導で話が進んでしまい、「設計がそういうのならそれでいい」と運営の側からは積極的な主張が出てこないことがありました。

しかし、「地震の時にこの配管が壊れたらどうするのだ。水を配給できなくなるのではないか」などと施設運営に直接的に関わる課題を具体的に設定したことにより、運営側からも活発な意見が生まれるようになりました。

例えば大きな地震が起きることを想定して、設計側は「ここの信号が途切れたら大変なことになる」と思う箇所に、バックアップのケーブルをもう1本敷くのですが、運営側の目には「この1本が切れるときはバックアップの1本も切れるので、同じルートに敷設しても意味がない」と映っています。

一方で、「災害時には運営側で何とかするから、それよりは普段の点検をしやすくしてほしい」という声が聞こえてきます。

設計側は、週一度の点検は「ときどき」なので、多少その計器が見づらいところにあってもいいだろうと思うのですが、実際に点検をする側からすると、週に一度は年で考えると50回以上と考えます。

計器を安全に確認するために「点検床」と呼ばれる設備を後付けすることになればコストがかかります。また、その計器の位置のせいで、1人で済む点検が、2人必要ということになるかもしれません。

施設や設備は一度に完成しますが、完成後、人が長くオペレーションとメンテナンスをしていかなければならない事業では、見方を変えてみると、思いのほか、事業を続けていくうえでの最適化が図られていないケースがあるわけです。

設計だけで考えているときは、どうしても部分最適の限界から抜け出すことができませんでした。それが「知恵の輪」を回し、現場を知る運営の側から、設計には気づかなかった意見や視点が示されるようになる中で、自然と全体最適を意識してチームとして動く状況が生み出されていったのです。

ブリコラージュの発想で不測の事態に柔軟に対応する

災害時には何が起こるかわかりません。不測の事態に柔軟に対応しながら、高速事後復旧を実現するためには「ブリコラージュ」の発想も必要となるでしょう。

ブリコラージュとは「あらかじめ準備した設計図などは一切使わず、与えられた条件の中でありあわせの素材、手段、道具を使ってその時その場に最適なものを作り出すこと」です。

その身近な例としては、家庭の手料理を挙げることができます。

おなかを空かせた子どもが急に帰ってきたときに料理のレシピを探して、必要な材料を買いに行っている余裕はありません。

そんなときでも「ちょっと待っててね、確か昨日○○に使った材料がまだ残っているはず……」などと、親は冷蔵庫の中にあるありあわせの食材を組み合わせておいしい料理をさっと作ります。

このようなブリコラージュの考えを、上下水道の復旧の場面にも適用するわけです。先にも触れたように、災害に対して事前に網羅された計画がどれだけ役に立つかはわかりません。むしろ、あれこれ事前に考えすぎないで、その場で柔軟に対応する方がよりよい結果をもたらすこともあるでしょう。

例えば、震災に遭って、施設の柱が折れた場合、あるいは風害で屋根が飛んだりしたような場合に備えて、柱やあるいは屋根を用意しておこうというような発想でいたら、あれもこれも必要だということになり際限がありません。

それよりも、柱が折れたら近くの木を使ってつなぐなどというように回りにあるものを使って対処できるようにしておくのです。あるいは、広い用途に利用できる汎用性のあるものを用意しておき、いざというときには、それを壊れたところに使い上下水道を動かせ

るようにしておくのです。

上下水道の運営においては「何もないからできない」とあきらめることは許されません。事業を継続させようという強い思いを持って、責任感と使命感を持って、「本質は何か」を考えて状況に応じた試行錯誤による問題解決を図る――そのための手段となるのがブリコラージュです。

そして、このようなブリコラージュを最大限に発揮できる環境を整えていくためには、部品をなるべく標準化しておく（共通の部品をどこでも使えるようにしておく）ことが重要になります。ここで標準化した部品を共通部品センター（後述）にストックしておくことでより安心なシステムとなり、設計部門は共通部品センターの部品を優先して設計を進めるため、さらに標準化が進みます。これがないと、設計部門は個別の設計において少しでも建設コストが少なくて済む部品を選んでしまいます。結果、建設費は安くなりますが、保守のためにたくさんの補修部材を用意して個別の部品のメンテナンスの方法を習得することが必要になり、結果的に多くのコストがかかることになってしまいます。

レジリエンスのためのブリコラージュ、ブリコラージュのための標準化、標準化促進のための共通部品センターということになります。

「3センター」で現場をバックアップする

WOODAPでは、タイムラインコントロールに基づき明確な目標を設定したうえで、現場に権限委譲し、ブリコラージュやOODAを活用した柔軟かつ臨機応変な現場対応に取り組みながら迅速に復旧を図ること、さらには平時の運営もそうした危機管理をベースに行っていくことを目指しています。

このようなWOODAPの目的を現実化するためには、現場の対応をバックアップする仕組みも必要になります。現場に権限を委ね、その判断を尊重しながら、ほったらかしにはせず、後方でしっかりと支えることが大切なのです。

その仕組みの一つとして、当社では「3センター構想」を掲げています（資料14）。

3センターは、上下水道の運営に不可欠な「ヒト、モノ、情報」を〝公〟と〝民〟で広く共有するための拠点であり、具体的には以下の三つのセンターから成り立っています。

・設備運転員訓練センター

各地域での設備の運転業務を担う運転員を訓練する

・共通部品センター

補修部品などの調達・供給を一元化する

・ナレッジセンター

地域ごとに異なる事業体の事業運営ナレッジの蓄積・共有・伝承をサポートする

これまでは、自治体ごとに上下水道設備の運転員の教育・訓練が行われてきました。「設備運転員訓練センター」では、共通化されたテキスト、カリキュラムのもとで、どこの地域の設備でも運転できる運転員を育てます。

また、「共通部品センター」に用意されている部品であれば、すぐに入手することが可能なので、施設の復旧などをより迅速に行うことが可能となります。

さらに、「ナレッジセンター」を通じて、他の地域の運営ノウハウを効率的に身に付けることができるようになれば、緊急時の支援などをより円滑に行えるようになります。

このように3センターを自治体や民間企業が利用することによって、上下水道事業の広域化、マスメリット経営のニーズへの対応が、さらには全体最適の実現がよりスムーズな形で可能となるはずです。

資料14　「広域化＋包括化」に対応する マスメリット経営体制の推進

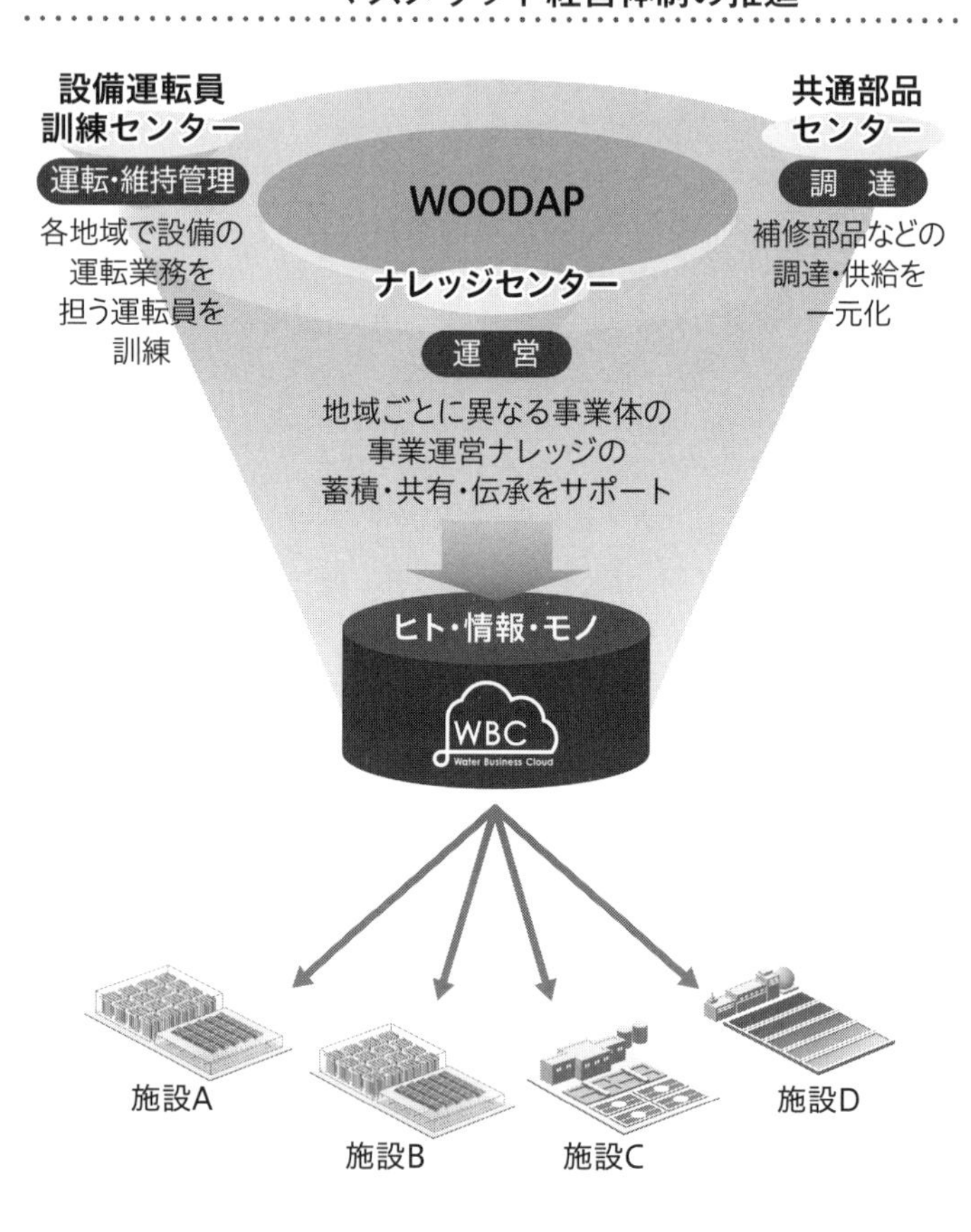

3センターのうち、「設備運転員訓練センター」は2017年に開設しており、訓練・教育活動をすでに展開しているところです。

テキスト、カリキュラムに関しては、当社の新人教育で長年にわたって実施してきた内容をもとにしています。

カリキュラムは主に知識を習得するための座学と、実際に現場で訓練を行う、いわゆるOJT（on the job training）に分かれており、未経験者でも早期に習熟度を向上できるよう配慮されています。

具体的には、上下水道の基礎的な仕組みや品質・安全に関する知識、専門用語などをWeb上の専用サイトで学習できるだけでなく、タブレット端末の操作や作業日誌の記入をはじめとする独自ツールの使用方法なども教育します。

現在は、水道分野から対応を始めている段階ですが、今後は、下水道分野や資源環境分野（ごみ処理リサイクル分野）にも範囲を広げていくつもりです。

また、将来的には同センターを24時間体制のコールセンターと連携させることで、本社から現場にいる運転員のバックアップを行うことも計画しているほか、自治体と連携し、

全国規模で実践的な訓練が行えるようにすることも検討しています。

「共通部品センター」も2019年6月に立ち上げています。

一方、「ナレッジセンター」については、2019年4月に新設したイノベーションセンターの傘下にその機能を設置しました（イノベーションセンターは既存事業にとらわれない最先端技術を生かした基礎・基盤技術の拡充などを目的とした部署です）。

さらに、これら3センターからの情報をWBCでリアルタイムに共有化し、集められた情報を分析・活用していく体制も適宜、整えていく予定です。

WOODAPの実践事例(1)

あらおウォーターサービス

ここまで、WOODAPの中身について紹介してきました。

そこで取り上げたノウハウやシステムのいくつかは、当社で手掛けている公民連携のプロジェクトにおいて、すでに実践事例があります。

その一例として、熊本県荒尾市で同市とともに現在、取り組んでいる「荒尾市水道事業等包括委託」事業を取り上げましょう。

同事業は、経営計画支援、管理支援、営業、施設の設計建設・維持管理、危機管理対応などを含む荒尾市の広範囲な水道事業を包括的に委託されたものです。

2011年に改正PFI法によって導入された「民間事業者による提案制度」に基づいて行った当社の提案を同市が受けて事業化されたものであり、水道分野において民間事業者による提案が採用された先進的な事例となりました。

業務を直接担当するのは当社を代表企業とする特別目的会社「あらおウォーターサービス株式会社」で、期間は2016年4月から2021年3月までの5年間になります。

この事業を引き受けるに至った背景としては、前章で触れた「大牟田・荒尾共同浄水場施設等整備・運営事業」を通じて、当社が荒尾市の水道事業に従前から関与していたことが挙げられます。

ちなみに、荒尾市が民間企業に水道事業を包括委託することを決めた理由と、当社がその相手候補として選ばれるに至った経緯に関して、熊本県荒尾市企業局の宮﨑隆生氏は、同事業の概要などについてまとめた文章の中で次のように述べています。

「荒尾市の水道事業は将来の給水収益の減少、技術継承策など将来の事業環境に対し不安を抱えていた。「ありあけ浄水場」（大牟田・荒尾共同浄水場）が供用を開始した平成24年、その建設・運営にＰＦＩに準拠したＤＢＯ方式を採用したことにより、民間活力の有効性を感じていた当時の荒尾市水道局（平成26年下水道事業との組織統合により企業局となる）と、今後の官民連携の可能性を模索していたメタウォーター株式会社（以下、ＭＷ社）は互いの思いが合致し、荒尾市水道事業の今後について協議の場を持つこととなった」（地方財務協会『公営企業』２０１８年８月号「先進事例紹介　荒尾市水道事業の包括委託～事業開始後に見えてきた効果と課題～」（小宮智和著）より）

事業開始直前と直後に大寒波と熊本地震に見舞われる

同事業の契約は2015年12月に結ばれ、翌年4月1日から業務をスタートする運びとなったのですが、この業務開始直前と開始後に、荒尾市は二つの大きな自然災害に見舞われました。同年1月に西日本一帯を襲った大寒波と4月の熊本地震です。

その際、同市の職員の方々が公私関係なく働いている姿、ライフラインである水道を守っていくという覚悟でことに臨んでいる姿を目の当たりにして、大いに刺激を受け、身が引き締まる思いをしたのを覚えています。

特に寒波時の対応として印象に残ったのは、事務所の壁に貼られていた数々のポストイットです。そこには例えば、「高台の家に電話を入れて水圧を確認」などといった注意事項が細かく書かれていました。これはまさしく市と利用者との間に信頼関係に根ざしたリレーションが築かれていることを物語るものであり、このような利用者との緊密なつながりを、これからもしっかり維持していかなくてはなりません。

経営と業務のモニタリングは〝公〟の役目

「荒尾市水道事業等包括委託」においては、事業が包括的に〝民〟に委託されたとはいえ、経営は〝公〟のままです。また、〝公〟には事業が適正な形で行われるよう、そのモニタリングを行うという役目も残されています。

公側を代表する荒尾市企業局と、あらおウォーターサービスの具体的な業務の分担は以下の通りです。

〈荒尾市企業局〉

①経営計画

危機管理、モニタリング、長期計画、調査企画

②管理

財務、人事、総務

（あらおウォーターサービス）

①経営・計画支援

経営補助、中長期計画策定（水道事業ビジョン、アセットマネージメント、水安全計画、危機管理計画など）

②管理支援

総務関連補助（広報、公聴など）、財務関連補助（予決算など）、技術継承支援

③営業

窓口、検針、開閉栓、調定および収納、滞納整理

④設計建設

調査・設計、工事（施設および管路）、給水装置関連、給水設備関連

⑤維持管理

運転管理、調達品管理、修繕（突発対応含む）、漏水調査、量水器取替

⑥危機管理対応

災害発生時の対応、災害訓練、災害対策用機材の管理

管理支援業務の中に技術継承支援が含まれているのは、この包括委託において「技術継承と人材育成」が、非常に大きなテーマとなっているためです。この課題を解決するために、現在、次のような取り組みを行っています。

①業務の可視化
１６４の業務フローを作成し、業務を可視化。
②地域人材の雇用
全社員の８割を地域から雇用。
③業務の標準化・効率化
業務マニュアルやルールを再整備し、ムリ・ムダ・ムラを削減することによる業務の効率化を推進。

高速事後復旧のスムーズな実行を図り「BCP訓練」を実施

では、WOODAPに関わる活動としては、どのような取り組みが行われているのでしょうか。

まず代表的なものとしては「BCP訓練」が挙げられます。これは、前述した高速事後復旧をスムーズに実行することを目的として荒尾市企業局と、あらおウォーターサービス、当社本社などが合同で行っている防災対応訓練です。

これまで毎年、定期的に開催していますが、対象となる施設や訓練の中身・態様は、毎回同じというわけではありません。

例えば、ある年に行ったBCP訓練は、大規模災害時に施設の被災状況のスピーディーな把握や、障害に対する的確な対応、受援体制の構築が行えるかなどについて検証することを目的に、参加者にあらかじめ障害の具体的な内容を知らせることなく、臨機応変に対応する実践的な形式で実施しました。

具体的には、「午前8時に荒尾市で震度6弱の地震が発生し、同時多発的に多数の機器

トラブルや障害が発生した」という状況設定のもとで、発災後早急に災害対策本部を立ち上げ、事業継続のため、緊急給水体制や復旧に向けた受援体制計画の早期構築プロセスなどを確認しました。

そのために、ＷＢＣとテレビ会議システムを活用し、被災情報とその対応について災害対策本部、現場調査班、当社本社・九州事務所がリアルタイムで情報共有ができるシステムを導入して、必要に応じて本社・九州事務所が対策本部にアドバイスを行いました。

さらに、情報の正確さと初動対応、復旧対応時間のさらなる短縮を目指して、点検班、作業班の位置、タスクの進行状況を、地図、ＧＰＳ、チャットにより一元把握し関係者と同時共有する仕組みなどのＩＣＴツールを開発し、テスト的に利用しました。

BCP訓練の様子

「わ（は）にの感動」で「知恵の輪」を市民に広げていく

ＢＣＰ訓練においては、荒尾市企業局と、あらおウォーターサービス、当社本社などの間で「知恵の輪」を実行しています。

まず、訓練の過程では、各組織がそれぞれの機能に基づき復旧に関する提案を実施して、短時間で最適な方策を立案します。

そして、訓練が終わった後には、そこで得られた課題、問題を整理したうえで解決策の検討を進め、さらなる危機管理体制の充実につなげていくことを目指しています。

もちろん、訓練以外の日々の運営の中で直面する問題などについても、常日頃から、公民のパートナーシップのもと、互いに知恵を出し合いながら解決に努めています。

さらに、荒尾市においては、窓口、検針業務なども行っていることから、それらのサービス改善のためにエンドユーザー、つまり、水道の利用者の方々とも今後「知恵の輪」を作っていかなければならないと考えています。

そのためには、社員が利用者一人ひとりに対して積極的に向き合う気持ちや姿勢を強く持つことが必要になります。そこで、あらおウォーターサービスでは「ワニの感動」（わ（は）にの感動）の取り組みを展開しています。

この「ワニの感動」は、

①お客様「は（ワ）」誰か
②お客様「に（ニ）」どんな商品・サービスを提供するか
③お客様「の」満足は何か
④お客様が「感動」するにはどんなことをすればよいか

という四つのことについて社員に考えてもらうというもので、2016年に代表取締役に就任した直後から全社で実行してきました。

浄水場や下水道処理場といったインフラ設備の設計・運営を行うという業務の性質から、消費者を相手にした最終製品などを扱うメーカーなどと違って、「顧客の顔が見えにくい」ことが当社の一つの課題でした。

そこで、例えば、下水道施設であれば、実際に扱う自治体の担当者のことを考え、「運転や保守のしやすさを追求できているかどうか」を再確認するといったように、事業の原点に立ち返って、仕事のやり方を見直す意識を根付かせたいと思ったのです。

あらおウォーターサービスで、この「ワニの感動」の活動に取り組んでもらったところ、①お客様「は（ワ）」誰かという問いに対して、上の立場の社員からは「市民」「世界中の人々」などの抽象的な答えが多く見られましたが、現場に近い社員になるほど「自分が担当するお客様は、先月、水道料金の支払いを忘れた〇〇さん」というような地に足のついた答えが出てきました。

このように、一人ひとりの利用者の姿をイメージすることで、「〇〇さんは老眼だから老眼鏡を受付窓口に用意しておこう」などというように、現実的なニーズに即した試みや工夫が現場からのイニシアチブで活発に行われることを期待しているところです。

「ワニの感動」のマスコットキャラクター

長期滞納者が4割減少する

荒尾市におけるWOODAPに関する、その他の取り組みとしては、あらおウォーターサービスを設立したときに社長として当社本社の社員を常駐させたことも挙げられます。これは、OODAによる業務の改善を円滑に行えるようにすることが目的でした。

前述したように、OODAに基づいて臨機応変な対応を行うためには、迅速な意思決定を可能とする現場への「権限委譲」が必要になります。そこで決定権限を持つ社員をあらおウォーターサービスに配属することにしたのです。

こうしたWOODAPの取り組み等による効率化・合理化の成果として、「荒尾市水道事業等包括委託」事業では、スタートから2年間の時点で「長期滞納者の4割減（閉栓ルールの厳格化によるもの）」「業務時間の9％削減（初年度と比べて）」などの効果がもたらされています。

この荒尾市のケースのように、社員がエンドユーザーと向き合うことになる公民連携事業は、今後ますます増えていくことでしょう。これからも「知恵の輪」や「ワニの感動」

などのメソッドを活用しながら、利用者目線でサービスの向上に努めていく姿勢を保ち続けていきます。

WOODAPの実践事例(2)

新潟県見附市「青木浄水場更新事業」

ＷＯＯＤＡＰの実践事例としてもう一つ、新潟県見附市の「青木浄水場更新事業」のケースも取り上げましょう。

同事業は、昭和44年に供用が開始された青木浄水場の更新を目的としたものであり、建設費や将来の維持管理費を軽減するため、新潟県内で初めて水道施設の設計、建設、運転・維持管理を一括委託するＤＢＯ方式が採用された点が大きな特徴です。

事業者は公募型プロポーザルの形で選ばれ、２０１６年8月に、当社を代表企業とするグループが選定され、同年9月に事業契約を締結しました。

計画最大給水量は２万３０００㎥／日で、浄水処理方式はセラミック膜ろ過方式、設計および工事期間は２０１６年９月９日〜２０２１年３月31日、維持管理期間は２０２１年４月１日〜２０４１年３月31日までの20年間です。

レジリエンス観点からの見直しを設計・建設にまで広げる

この「青木浄水場更新事業」においては、設計・工事段階からＷＯＯＤＡＰを導入しています。すなわち、高速事後復旧オペレーションの考えに基づいて設備の設計・建設を進めてきました。

まず、当社グループ会社と現場の維持・管理を行う地元のパートナー企業で話し合いながら、設備の設計などの検討を行っています。つまりは、社内を超えて、外部の企業と「知恵の輪」を作り上げています。

設計・工事を担当する当社の社員の目には当然、必要と思われていたような設備に対して、現地の運営会社から「過剰な設備であり、運営の工夫によって対処した方が効率的である」という指摘が寄せられるなど、目からうろこが落ちるような経験が何度もあったようです。

このようなパートナー企業の意見をフィードバックしながら、すべての施設に関して設計のレビューを行った結果として、随所に適切な改善が図れました。

また、「知恵の輪」を回しながら、仕様の標準化も推進しています。一例を挙げると、浄水場で使うポンプには本来、流量に対応して細かな種類がありますが、一定の範囲に関してはすべて同じポンプを使うことにして、それに合わせて配管やバルブのシステムなども統一しました。

こうした設計・建設面における標準化の試みについては、今後、青木浄水場以外の上水道施設や、さらには下水道施設でも展開していく予定です。

運営の手順が標準化されていても、設備がそれに対応できる形になっていなければ、復旧の高速化がスムーズに進まない恐れがあります。

設計の段階から「知恵の輪」を回し、運営と一体となった形で標準化を進めることによって、WOODAPはその効果を最大限に発揮できるものとなるのです。

メソッドを実践する中で新たなノウハウや仕組みも生み出されていく

このようにWOODAPはすでに、いくつかの公民連携事業で実用化され、活用されている段階にあります。

そして、そうした実践の中で得た新たな気づきや経験などをもとに新たなノウハウや仕組みを作り出す試みも行っています。

例えば、「知恵の輪」の活動をより効率化することを目的に、現在、開発の実現可能性を探っているものに「作戦ボード」があります。

「作戦ボード」は、戦時に、将軍や大将などが図を使って「A軍は川上から、B軍は川下から攻めさせて、相手を挟み撃ちにしよう」などと作戦を練ったり、指示したりするために用いたものです。現在は、サッカーなどのスポーツでも活用されているようです。

これを、復旧作業時にも使うことを考えています。

作戦ボード

例えば、スクリーンやモニターなどに映された作業ボードを見ながら、

「このままだと、〇日で水がなくなってしまう」

「だが、ここを対処すれば、あと3日はもつかもしれない」

などと、公民の関係者はもちろん一般市民も交えながら皆で議論し合えるようなものができないだろうかと検討しているところです。

WOODAPの活用範囲が広がる中で増大する情報がつながりあっていく

今後、WOODAPが活用される範囲がより広がっていく中では、増大していくデータの取り扱いとその効果的な利活用の手段についてより深く考えていくことも求められると考えています。

前述した「3センター構想」でも示しているように、WOODAPでは、情報の連鎖について強く意識しています。すなわち、収集されたデータは一カ所にとどまっているだけではなく、広範囲で他のデータともつながりながら連携していく必要があると考えています。そのイメージを、私は「域内連携」、「広域連携」、「世代連携」という三つの軸で示すことがあります（資料15）。

まず、「域内連携」では、浄水場や下水処理場などを効率良く運転することを目的に、施設内におけるデータのつながる仕組みについて検討します。

資料15　3つの軸

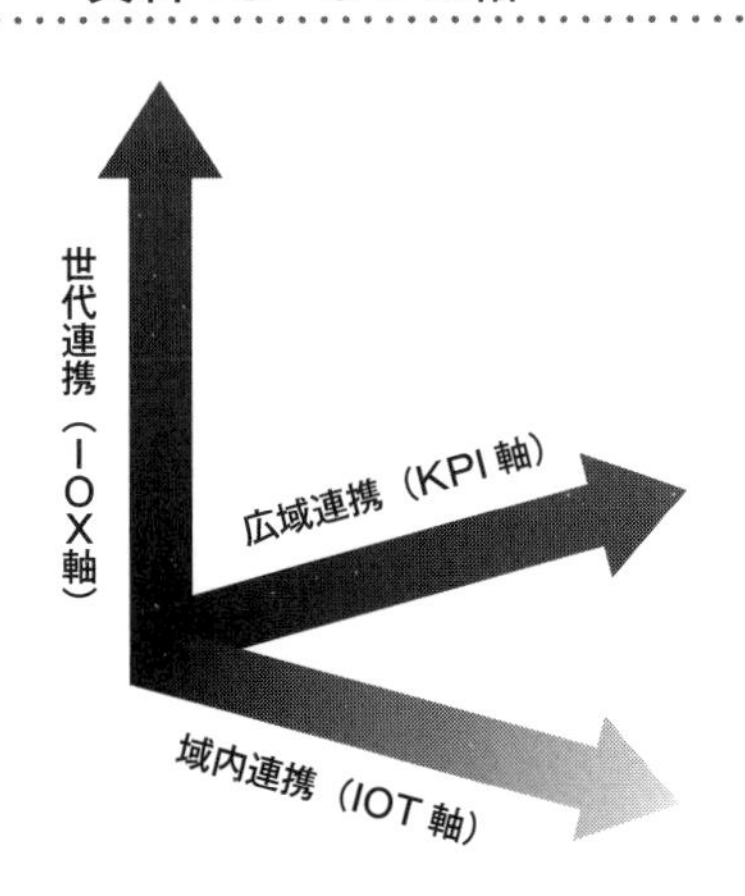

例えば、「薬品が少なくなってきたら早めに補充できるよう、その情報を薬品会社に迅速に伝える」「施設に不具合が起こりそうになったときに、その予兆に関わる情報を早急に把握し修繕時間を短くする」などの効果がもたらされるようなデータの仕組みを考えるのです。そして、それらを実現するために、ここではＩｏＴ技術の活用などが大きなポイントとなります。

それから、「広域連携」では、離れている複数の施設のデータを集めて分析し、パフォーマンスを改善することなどに役立てていきます。

具体的に述べると、Ａ施設、Ｂ施設があって、Ｂ施設は、Ａ施設に比べてパフォーマンスが劣っているような場合に、比較の物差しをＫＰ

I（Key Performance Indicator：重要業績評価指標）の形で設定します。ＫＰＩの例としては、「１㎥あたりの水をきれいにするために、どのくらいのエネルギーを使っているのか」などが考えられます。そしてＢ施設のＫＰＩをＡ施設のＫＰＩに近づけられるような改善の取り組みを行います。

このように、いわば面的な広がりでデータを捉えて活用を図るのが「広域連携」の考えになります。

最後の「世代連携」は、過去、現在の情報を未来に運営する人たちにつなげていくことです。例えば、２０２０年現在、施設を動かすのにどれだけのエネルギーを要するのかをデータとして整理しておけば、５年後、10年後などに、その時の施設の運用者がそれを見て「昔よりもやけにエネルギーを使うようになったな」などと感じたことがきっかけとなって、機械の不具合を疑い、改善を図るなどのアクションに結びついていくはずです。

こうした未来に役立つ情報を、写真や動画なども使ってデータとして整理しておくためには、前述したＩｏＸの考えと仕組みがやはり不可欠になっていくと考えています。

第５章

水道だけではない
道路、電気、ガス……
WOODAP が
あらゆる社会インフラを救う

「この会社なら上下水道を任せてもいい」と思われるためにはまず信頼を得ること

公民連携が広く社会で受け入れられるためには、事業に参加する民間企業が、〝公〟のパートナーとなるにふさわしい存在とみなされること、すなわち「この会社なら上下水道を任せてもいい」と思われるような存在であることが必要になります。

そのために最も重要となるのは、自治体、市民、業界関係者、学識者、取引先企業などから広く「信頼」を得ることです。

先にも触れたように、民間企業が上下水道事業に関わることに対しては、水質の低下や料金の高騰などを懸念して不安の念を持っている方もいるでしょう。そのような不安を払拭するためにも、信頼確保に向けた積極的な努力が求められるのです。

では、信頼を獲得するために、〝民〟の側にはどのような取り組みが求められるのでしょうか。

まず、信頼（トラスト）には、大きく個人、組織、技術に関わる3段階があると考えられており、それぞれは「トラスト1・0」「トラスト2・0」「トラスト3・0」と呼ばれることがあります。

個人・トラスト1・0

人と人との個人間の信頼。嘘をつかない、清く正しく生活するなど、主として平時の言動や振る舞いがその裏付けとなります。

組織・トラスト2・0

組織を背景として生まれる信頼。「大手企業の社員だから信頼できる」などというように信用性の高い組織に属していることが信頼の確保につながります。

技術・トラスト3・0

テクノロジーによって担保される信頼。例えば、電子マネーや昨今のシェアリングエコ

ノミーのサービスは、何らかの形でＩＣＴによりシステムの信用性が担保されています。

株式上場は信頼性向上につながる

このような3段階の枠組みで考えていくと、トラスト1・0のレベルで信頼を得るためには、会社として着実に仕事をしていく、すなわち、ＰＰＰ事業をしっかりと行い、確実な成果を出していくことが民間企業には求められます。

そして、トラスト2・0に関わる取り組みとしては、第一に株式上場が考えられます。まず、株式上場を行えば、株主総会、決算説明会の開催、取締役会における独立社外役員の参画など上場企業に課されるさまざまなレギュレーションを厳格に実行しなければなりません。そうした責務を果たすことが会社の信頼へとつながっていきます。

当社も、２０１４年12月に東証一部に上場しました。企業の中には、上場を行う大きな理由が資金調達であるというところも少なくないでしょうが、当社の場合には、まさに信頼を高めることがもう一つの大きな目的でした。

ちなみに、当社はメーカーを母体としていますが、上場の際についた証券コード9551は、電気・ガス業に分類される9500番台です。私たちが目指しているビジネス分野は社会インフラそのものであることから、上場時にも社会インフラ分野を希望し、それが認められたのです。

信頼性向上のためにESGの取り組みが求められている

それから、企業としての信頼性を向上させるためには「ESG」、すなわち、「Environment（環境）」「Social（社会）」「Governance（ガバナンス）」に配慮した企業経営の取り組みも、今日、当たり前のように求められています。

当社でも、最新の中期経営計画において、「水インフラ企業としてのESGの強化推進」を主要課題として掲げ、最重点テーマとして、以下のような事項を挙げています。

・環境負荷の低減と事業を通じた環境貢献の推進

・環境教育、地域貢献活動の拡充
・事業継続マネジメント（ＢＣＭ）と事業継続計画（ＢＣＰ）の実効性向上
・経営体制の一層の効率化と強化
・各ステークホルダーとの積極的対話の促進

また、最近の具体的な成果も列挙しておきましょう。

［環境（Ｅ）］
◎事業を通じた環境貢献
・環境技術・製品の開発・展開（セラミック膜ろ過システム、高速ろ過システム、高密度配置対応型散気機装置など）
・創エネ・省エネの取り組み（下水汚泥燃料化システムの展開、資源リサイクル処理システムの展開、下水処理システムを活用した発電、浄水プロセスにおける太陽光発電・自然流下の活用など）

・事務所での消費電力使用量削減、ペーパーレス化
◎環境保全活動
・自治体やＮＰＯとの協働による水源涵養林保全（山梨県・道志村・横浜市「水源プロジェクトW-eco・p（ウィコップ）」など）

［社会（Ｓ）］
◎事業を通じた社会貢献
・事業受託地域での雇用創出
・受託事業における事業継続計画（ＢＣＰ）策定
・災害復興支援（被災地域への支援金拠出、復興イベント参画など）
◎社会貢献活動
・自治体、業界団体、ＮＰＯなどとの協働による地域貢献活動
・児童、教職員を対象にした水循環、水インフラの学習教育、啓発活動
・自治体、業界団体、関係会社との連携による市民を対象にした水循環・水インフラの啓

発活動
・取引先、パートナー企業との連携によるCSR調達の推進
・ダイバーシティの推進
・働き方改革の推進

［ガバナンス（G）］
・コーポレートガバナンス・コードへの対応（基本方針の策定・改定、取締役会の実効性評価の開示、独立役員の増員、独立社外取締役による会合の実施、「指名・報酬等諮問委員会」の設置など）
・リスクマネジメントの強化
・コンプライアンス、内部統制、情報セキュリティの強化

この他、ガバナンスに関しては、今、各社で盛んに行われている「働き方改革」への取り組みを当社でも積極的に展開しています。

そもそも、当社の事業は、ことさらにＥＳＧを意識しなくても、日々の仕事に真摯に取り組めば、それがそのまま環境保全、社会貢献につながる性質をもっています。

そのため、社員に対しても「安心してビジネスに励んで、儲けてください」と常日ごろから促しています。

とはいえ、状況によっては、「会社の利益か、それとも公益か」などという二者択一を迫られる場面があるかもしれません。

そのような場面においても、社員が、最終的には社会で正しいといわれている道をしっかりと選べる意識作り、社内環境作りを行うことが、ガバナンスの観点から経営者には求められていると考えています。

ＳＤＧｓの取り組みで地域・社会に貢献する

これからは「ＳＤＧｓ」の活動に意欲的に取り組むことが民間企業の信頼性を高めるうえでは非常に重要になると考えます。

「ＳＤＧｓ」（Sustainable Development Goals）とは、国連によって定められた２０１６年から２０３０年までに世界が達成すべき持続可能な開発目標であり、具体的には以下の17項目があげられています。

目標１　貧困をなくそう
目標２　飢餓をゼロに
目標３　すべての人に健康と福祉を
目標４　質の高い教育をみんなに
目標５　ジェンダー平等を実現しよう
目標６　安全な水とトイレを世界中に
目標７　エネルギーをみんなに　そしてクリーンに
目標８　働きがいも　経済成長も
目標９　産業と技術革新の基盤をつくろう
目標10　人や国の不平等をなくそう

目標11　住み続けられるまちづくりを
目標12　つくる責任　つかう責任
目標13　気候変動に具体的な対策を
目標14　海の豊かさを守ろう
目標15　陸の豊かさも守ろう
目標16　平和と公正をすべての人に
目標17　パートナーシップで目標を達成しよう

こうしたSDGsの理念そのものは、私たちが行っている事業の特性や社会的使命と親和性が非常に高いと感じており、とりわけ目標6「安全な水とトイレを世界中に」、目標11「住み続けられるまちづくりを」、目標17「パートナーシップで目標を達成しよう」に関しては、重点分野と捉え、その実現を目指した取り組みを全社的に行っています。

目標6「安全な水とトイレを世界中に」と、目標11「住み続けられるまちづくりを」はまさに私たちの目的としていることそのものと言えますし、特に、目標6が解決すると、他の課題も連鎖的に解決していくことが期待できます。

例えば、目標4「質の高い教育をみんなに」も、水の問題と関わっています。世界には、近くに水源がないために子どもが遠くの川や池へ水をくみに行っている地域があります。近所で水が手に入る環境が整うと、子どもたちは長時間の水くみから解放され、学校に通えるようになります。質の高い教育を受けられるチャンスを手にできるわけです。

また、途上国では不衛生な水で顔を洗うため眼病となり、仕事を失う人がいます。安全で衛生的な水にアクセスできるようになれば、目標3「すべての人に健康と福祉を」、目標1「貧困をなくそう」の解決にもつながります。

しかし、これらの目標は、当社の力だけで実現することは困難です。パートナー企業、市民・自治体・地域企業などと協力し合う「パートナーシップ」があって初めて達成できるものと考えています。

174ページにあげた図は、そのイメージを絵で示したものであり、メタウォータグループ、パートナー企業、市民・自治体、地域企業で「水の循環」「くらし・産業」などを支えた形となっています（資料16）。つまり、目標17（パートナーシップ）で、目標11（まちづくり）、目標6（水）を支えているわけです。

資料16　地域・社会とともに発展し続ける企業へ

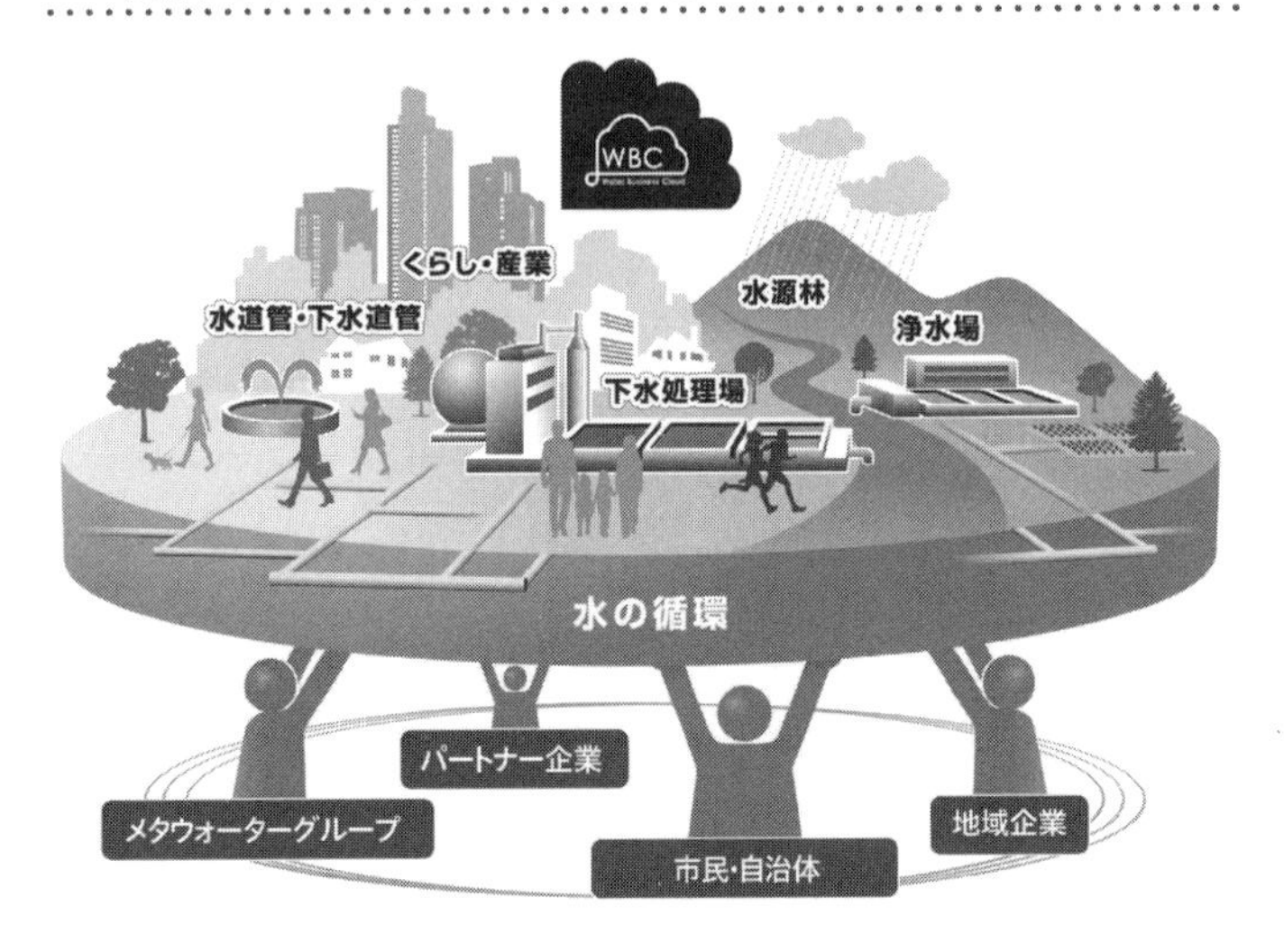

「車載式セラミック膜ろ過装置」を使いアフリカ、東南アジアできれいな水を作り出す

こうしたSDGsの目標を実現するために、現在、さまざまな形で具体的な活動を展開していますが、その一例として「車載式セラミック膜ろ過装置」の開発があります。

同装置はトラックに浄水設備を乗せて河川水などからきれいな水を作れるようにしたもので、水道が未整備のアフリカ、東南アジアへ供給しています。

アフリカでその試運転に立ち会った社員は、透明な水を見た瞬間の現地の子どもたちの顔を忘れられないと語っていました。アフリカの子どもたちは水が濁っているのが普通だと思っています。私たちの装置から透明な水が出てくると、驚き、自然と笑顔になるそうです。

また、カンボジアでも、茶色く濁った水が透き通った水になるのを見て、子どもたちがものすごく喜んだと聞いています。

そうした話を耳にすると、「私たちは意味のある仕事をしているのだ」と実感しますし、またより一層このシステムを世界に普及させていかなければと思います。

ただ、この装置を浄水施設が整っていない地域へ、今以上にもっと届けるためにはコストの軽減が必要になります。

そこで、国内向けに非常時にトイレや風呂、洗濯に使える生活用水を供給できるろ過装置の開発を進めています。

その試作機はすでに完成しており、177ページの写真に示したように非常にシンプルな形状・デザインになっています。このような形になったのは、コストを下げるため、また維持・修理をしやすくするためです。「ホームセンターで売っている部品でもメンテナンスできるような製品に」という意図で作りました。

この製品開発で得たコスト削減などの成果を海外向けの装置にも反映させていきたいと考えています。

非常用セラミック膜ろ過装置

車載式セラミック膜ろ過装置

トラスト3・0ではブロックチェーンを活用する

民間企業の信頼作りのためにはESG、SDGsなどの活動に加えて、さらにテクノロジーによって信用性を確保する仕組みを作ることが、すなわちトラスト3・0の取り組みが必要になるはずです。

上下水道は、10年、20年と長期に及ぶ事業が珍しくありません。その間に、公民連携の形で管理・運営に関わる〝民〟の側には施設の管理ノウハウなどに関わる膨大な情報、データが蓄積されることになります。

その結果、〝情報の囲い込み〟が起こり、思わぬ事態が生じるかもしれません。

例えば、ある民間企業との間で契約期間が終了する際に、自治体側が「別の企業にもお願いしてみたいから」と契約を更新しない意向を示したときに、相手企業が「わかりました。でも、私たちが蓄えてきたデータは出しません」という態度を示したような場合、後続企業への運営の引き継ぎがスムーズに行われず、そのために上下水道サービスに支障が生じ、利用者が不利益を受ける恐れがあります。

同様の事態は、運営を担当していた民間企業が突然倒産したり、あるいは解散したりしたような場合にも起こり得るでしょう。

このように、集まったデータが民間企業の元に独占されたままになることは、決して好ましいことではありません。

そこで、民間企業が事業を通じて収集した情報、データを開示し、広く共有できるようなシステムの構築が必要になります。その助けになるのはやはり最新のＩＣＴです。その一つとして、ブロックチェーンの持つ可能性に注目しています。

情報が開示される場合、その真実性、つまりはデータが改ざんされたものではないことも担保されることが求められます。最高度の信用性が求められる仮想通貨のシステムに使われていることが示すように、ブロックチェーンはデータの改ざんを著しく困難にする技術です。そうしたブロックチェーン技術の利用により、データの信頼性の確保が可能となることが期待できるでしょう。

「続ける。続くために。」の活動を地道に誠実に続けて市民の期待に応える

先ほど触れたＳＤＧｓでは、〝持続〟が重要なキーワードとなっています。上下水道事業に携わる民間企業に市民が期待していることは、まさに〝続ける〟こと、続くための活動を誠実に続けることでしょう。そして、その責務を果たすことこそが、企業にとっては最大の社会貢献になるはずです。

当社では設立10周年を機に、〝続ける〟への思いを込めて、企業理念を見直しました。

（企業理念）

続ける。続くために。

続ける。誠実であることを。

日々、課題に向き合い、応える。
続ける。協力し合うことを。
尊重し合い、多様な知恵と技術で成し遂げる。
続ける。イノベーションすることを。
しなやかに発想し、挑戦する。
本当に大切なことが続くために。

水インフラを支えることは大きなやりがいと達成感を得られる仕事だと思います。しかしながら、この仕事は決して派手な仕事ではありません。地味に見えることを誠実に実行し続けることが、そして続ける覚悟が必要です。
その覚悟も、この企業理念の中に込めたつもりです。

日本の成果を世界の水インフラにも応用する

〝公〟と〝民〟が公民連携の取り組みの中でこれまでに積み重ねてきた成果、あるいはこれから新たに築き上げていくことになる仕組みやノウハウは、海外の水問題を解決するうえでも大きな効果を発揮できると考えています。

当社も、ＷＯＯＤＡＰを軸に海外の課題解決にも積極的に取り組む方針を打ち立てています。

前述した「車載式セラミック膜ろ過装置」の供給などＳＤＧｓに関する活動の海外展開も、そうした方針に即したものです。

また、海外で事業を展開していくうえでは、売り上げの拡大も重要になると考えています。

世界の水処理市場の規模は２０２０年に１００兆円に達する見通しです。海外の水メジャーと呼ばれる企業の中には、売上高で１兆円を超えるものもありますが、日本ではそれだけの規模に達している企業はまだありません。

現状では、おそらく売上高が２０００億円となれば、日本ではナンバーワンになり、そして世界でも十指に入ることができる想定です。

世界でトップ10に入る規模の売り上げになれば、「一体、この会社はなんだ」と関心を抱いてもらえるでしょうし、そこからさらに「私の国は水の問題で困っているからサポートしてほしい」と相談・依頼につながっていく可能性が高まります。

そして、そのような存在感のあるポジションに立つことができれば、海外で活動できるフィールドをさらに広げていくことが可能になる、つまりは社会貢献できる場がより拡大していくことが期待できます。

そうした目的を実現するために、今後10年間で売上高２０００億円を達成することを会社目標として掲げています。

目指すのは「地球を守る会社」

また、会社を大きくし、世界の水問題の解決に寄与したいという思いを私は、社員に対しても、機会あるごとに訴えかけています。

例えば、２０１９年の入社式では、社長挨拶として、新入社員に対して以下のような話をしました。

「入社おめでとう。

まずは当社を選んでくれてありがとう。

世界には水が無くて困っている人が多くいる。日本でも少子高齢化による財政難や人手不足が水の大きな課題になっている。これらを当社の技術や知恵で解決したい。

当社は、世界の水処理関連会社で10番以内を目指している。実現すれば、世界中から水の課題解決の依頼が舞い込み、「地球を守る会社」になる大きなチャンスだ。

皆さんは、「地球を守る会社」を目指す真っただ中に入社された。思い切り、仕事をしてほしい。仕事以外でも充実してほしい。

そのため当社は、サテライトオフィスの設置や週休3日制など、積極的に「働き方改革」にも取り組んでいるが、もっともっと斬新でユニークなアイデアがほしい。

やりたい事は山ほどある。でも、焦ってはいけない。水は、命や環境に直結するものだから。

皆さんの成長も同じ。焦らずゆっくり成長し、会社を利用し、そしてビッグな人間になってほしい。」

自分の勤めている会社が世の中に必要とされていると感じることは、社員にとって自信やモチベーションにつながります。この中で触れている「地球を守る会社」には「仕事をしながら社会へ貢献できるのだから、がんばろう」という思いが込められています。

新製品の開発は世界からの認知度向上につながる

さらに、海外における認知度・注目度を高めるためには、国際的に技術力を評価され、高い関心を集められるような新たな製品の開発にも努めなければなりません。

そうしたアピール力、発信力を備えた製品の一例として、世界初となる浄水場向け「LED紫外線照射装置」が挙げられます。

現在、水処理分野では水銀ランプを用いた紫外線照射装置が一般的ですが、2013年10月に国連環境計画（UNEP）の外交会議において、水銀汚染、健康・環境被害防止に向けた「水銀に関する水俣条約」が採択されたことを契機に、世界的に水銀の規制強化が進んでいます。

国内の浄水場で使用されている紫外線ランプは現状では規制対象ではありませんが、将来的には水銀ランプが作れなくなる可能性があり、既存の紫外線照射装置が更新時期を迎えた際には、水銀ランプに代わる新光源が求められることが自明です。

本装置は、そうした浄水場における紫外線照射装置の代替光源化のニーズにいち早く対応したものであり、ＬＥＤならではの特長を生かした長寿命によるライフサイクルコストの低減を実現しているうえ、省スペースで設置でき、新設設備はもちろん、既設の設備更新にも対応できるメリットがあります。さらに、ランプ交換や洗浄などのメンテナンスにおける省力化も図ることができます。

なお、このＬＥＤ紫外線照射装置では、窒化アルミニウム・ガリウム系の深紫外線ＬＥＤを光源として採用しています。深紫外線ＬＥＤの光源は、日機装技研株式会社（当社と同装置を共同開発）と、２０１４年にノーベル物理学賞を受賞した、名古屋大学の天野浩教授との共同研究の成果によるものです。

そのようないきさつや、また同装置がＬＥＤの新たな可能性を開いた製品として注目されたこともあって、２０１９年4月9日から10月3日までの間、名古屋大学ナショナルイノベーションコンプレックス（ＮＩＣ：産学官連携研究のグローバル化推進を目的に設立された研究施設）1階のエントランスロビーに、ＬＥＤ紫外線照射装置の模型が設置されました。

装置模型の設置に際しては、天野教授と当社関係者の間で活発な意見交換も行われました。こうしたやりとりが、今後のＬＥＤ研究、ひいては新たな紫外線照射装置開発につながればと願っています。

LED紫外線照射装置

海外の水インフラの問題に関わるときに求められるものとは？

海外の水インフラの問題に日本の民間企業が関わる場合に意識しておきたいことは、「私たちがすべてやりますのでお任せください」という一方的なスタンスではなく、その国の現地の人たちと協調しながら、ともに課題解決に取り組む姿勢を忘れないようにするということです。

日本国内における公民連携の取り組みの中で、これまで〝公〟と〝民〟は同等の立場で事業の効率化、合理化につながるシステムを作りあげ、成果を出してきました。パートナーシップのもとで、公も民もともに成長してきたわけです。

そのようにパートナーとともに一つの目標達成に向けて協力し合い、ともに成長していく――海外においてもそのような方向性で、現地の人たちと関係作りを行っていくことが日本企業に求められていることなのではないでしょうか。

企業には、「優れた意匠の商品を作る」「サービスを安く提供する」などのさまざまなニーズが求められます。そうした中で、「信頼される」「本当に意味のあるものを構築していく」というところに力点をおいて活動をすることが、世界で事業を展開していくときには大切であると思っています。

上下水道を守るためには市民の協力・応援も必要になる

上下水道事業の課題解決を目指し、公民連携や広域化の取り組みが行われている中で、水インフラを維持するためにもう一つ強く求められているものがあります。

それは、上下水道の利用者である市民の協力・応援です。

公民連携にしても、広域化にしても、市民の理解、賛成がなければ進めることはできません。また、自治体の中にはサービスを低下させないために、上下水道料金をある程度上げざるを得ないところも出てくるはずです。

そのような場合には、なぜ、自治体がそうした苦渋の選択をしなければならないのかを

考えてみて、その理由に納得ができるのであれば理解し支持することも、協力・応援の一つの形となるかもしれません。

ただ、利用者の中には、上下水道の運営に民間企業の関わりが強まっていくことに対して抵抗感を持つ人もいるでしょう。特に、これから広く行われることが想定されているコンセッションに対してはそうかもしれません。また、上下水道料金が上がることに対しては、拒否感を持つ人が少なくないはずです。

WOODAPの方法論は他の社会インフラの課題にも適用できる

本書で述べてきたように、WOODAPは上下水道の課題を解決するために、公民連携の推進を図ることを目的として、まとめあげたものであり、そのポイントは、災害時の早期復旧を想定して、施策や設備更新の優先順位、維持管理の手法を決めることにあります。

おそらく、このようなWOODAPの考え方、方法論は上下水道だけでなく、その他の社会インフラが直面している問題にも広く適用できるはずです。

道路にせよ、トンネルにせよ、今の社会インフラの根本的な問題は、つきつめていくと「老朽化したインフラをすべて更新するだけのお金がない」ということに行き着くでしょう。

このように資金が十分ではない状況では、数ある施設、設備の中から最も大事なものを選び出し、まずはそこを最優先して資金を投じ、更新作業を行い、壊れないようにするという選択をせざるを得ないはずです。

その場合、「何が最も大事なのか」ということが議論になるでしょうが、やはり「大地震が起きたときに、何を最初に復旧しなければならないのか」という発想からスタートして考えていけば、おのずと答えは見えてくるはずです。

このように、WOODAPには、インフラ全般の課題を解く可能性が秘められていますが、まずはやはり水インフラの問題解決に、そのために必要となる公民連携の実現・推進にこれから活用され、役立つことを強く願っています。

資料集

当社がこれまでに関わってきたＰＰＰ事業の実例の中から以下の五つをピックアップしてそれぞれの事業のポイント、特徴などをまとめました。

(1)横浜市水道局　川井浄水場再整備事業
(2)大牟田・荒尾共同浄水場施設等整備・運営事業
(3)会津若松市　滝沢浄水場更新整備等事業
(4)愛知県　豊川浄化センター汚泥処理施設等整備・運営事業
(5)大船渡市　大船渡浄化センター施設改良付包括運営事業

公民連携の取り組みに関しては情報化されるケースが少なく、なかなか世の中に伝わっていないのが実情です。そのことが、上下水道事業への民間参入に対する世間の誤解、不安を招いている一つの原因となっているのかもしれません。

これらの実例を通じて、上下水道事業における公民連携が具体的にどのような形で行われてきたのか、またどのような効果を上げてきたのか、いかなる評価を得てきたのかなどについて多少なりとも伝えることができたらと思っています。

(1) 横浜市水道局　川井浄水場再整備事業

川井浄水場は、1901年（明治34年）に建設された横浜市の現存する浄水場のうちで最も古い浄水場です。老朽化や耐震性の問題などから再整備が必要となり、2007年12月に横浜市水道局から再整備事業の実施方針が公表され、次いで調達公告がなされました。事業の中身は、設計・建設期間が5年間、運営・維持管理期間が20年間、設計・建設に必要な費用は民間側が調達し、運営・維持管理が始まってから横浜市より運営・維持管理対価と合わせて支払いを受けるという形でした。このように浄水場全体の更新と運営・維持管理をPFI方式で一括して行う事業は、日本で初めてのものでした。

当社は、ＰＦＩ事業が今後の水道事業の鍵となるという考えのもと、事業の受注に総力を挙げて取り組むこととし、提案検討とコンソーシアム（事業を協同して行う企業の構成）の形成に入りました。

横浜市から示された主な条件は、以下の四つでした。

①膜ろ過方式の採用により、横浜市が独自に設定した国の基準よりも高い水質基準を満たす
②既存浄水場を運転しながら敷地内に新しい浄水機能を建設する
③位置エネルギー（高低差）を活用した省エネルギー型の浄水場とする
④施設建設（5年間）、運営・維持管理（20年間）の予定価格は２６５億円（税抜）とする

このうち最も大きな問題となったのは、③の「位置エネルギーをいかに活用するか」という点でした。川井浄水場の原水である道志川の水は、延長約30キロの導水路を自然流下方式で浄水場へ送水されますが、導水路の最後にある上大島接合井と既存の場内配水池の水位差は35メートルあります。

配水池の上に膜ろ過棟を設置する案で検討を開始しましたが、より水が持つ位置のエネルギーを活用するために膜ろ過棟の設置場所を工夫し、接合井との高低差を最大限確保することで、電気エネルギーが必要なポンプを使わずに原水を膜ろ過装置に送る設計を考案しました。同時に配水池屋上の全面に太陽光パネルを設置し、太陽光発電を導入するという未来型の浄水場のイメージを思い描き、具体化していきました。

①に関しては、市が求める高い水質基準を達成するため、当社のコア技術の一つであるセラミック膜ろ過装置に加え、色度や有機物の上昇など急激な原水水質の変動にも対応できるよう少量の注入で大きな効果が得られる微粉炭の採用も提案に盛り込みました。

提案、検討の段階では、積み上げたコストが市の予定価格を超える事態も発生しましたが、設計・建設費や運営・維持管理費などを幾度も見直し、無事応札にこぎつけ、受注することができたのです。

そして、２００９年2月、当社を筆頭株主とする特別目的会社が横浜市水道局と事業契約を締結し、同年4月から設計・建設工事に着手しました。

知恵を出し合い限られたスペースに新しい施設を建設

更新工事にあたっては、市民への水道水の供給が途切れることのないよう、既存の浄水施設を稼働させながら、新しい浄水場の建設が進められました。

この工事において最大のハードルとなったのは狭小なスペースです。提案時に入念な検討を重ねたにもかかわらず、運営・維持管理の点検業務を行う場所が狭過ぎるなど、多くの問題が生じたのです。

〝敷地面積もコストも限られている。ならば、全員で知恵を出し合うしかない〟

建設中の現場では土木・建築、機械設備、電気設備などあらゆるメンバーが部門の垣根を越えて議論し、一つひとつの課題に対する最適な答えを見つけ出すための作業を繰り返しました。そして困難な課題を克服するたびに、プロジェクトチームの団結は少しずつ強まっていったのです。

さらに、工事の過程を通じて、さらなる電力削減にも取り組みました。自然流下した原水は薬剤添加後に混和槽へ送られ、そこで薬品と撹拌・混合されます。撹拌はパドル翼をモーターで回転させて行う計画でしたが、その電力削減も考え、薬品を加えた原水が混和槽に送られる配管内にラインミキサー（水の流れを遮らずに薬品の混合を促す装置）を設け、原水と薬品の撹拌・混合を行う、という構想を立てたのです。

約1年半の現地実験・検証を繰り返した結果、十分に撹拌され、かつ自然流下のエネルギーをロスしない最適な装置を開発することに成功しました。

国内最大規模のセラミック膜ろ過浄水場「セラロッカ」の誕生

工事の工程は２０１１年3月に発生した東日本大震災の影響を受けつつも、横浜市との協議を重ねながらほぼ予定どおりに進み、２０１３年度からはプラントの試運転を開始しました。約9カ月後の２０１４年3月に新浄水場は完成し、同年4月から給水を開始しました。

この国内最大規模のセラミック膜ろ過浄水場は、横浜市民を対象とした愛称の公募により「セラロッカ」と呼ばれることとなりました。このネーミングには、日本の高い技術力を誇るセラミックの「セラ」とろ過の「ロッカ」を融合させ、これから先100年以上も世界に誇れる安心でおいしい水であるように、という願いが込められているとお聞きしています。

半分の敷地で処理水量は1・6倍に増加、電気・薬品使用量は減少

「セラロッカ」は、セラミック膜ろ過システムの特長を生かすことにより、旧浄水施設の約半分の敷地面積という省スペースで処理水量を従来の1・6倍に増加させています。しかも、セラミック膜ろ過システムでは、原水の99％以上を有効利用することができ、原水を無駄にしません。

また、横浜市による水源かん養林の保全や取水から浄水場までの送水の工夫によって「セラロッカ」には低濁度の原水が無動力で運ばれてきます。それを生かした「セラロッカ」

での省エネ・創エネの取り組みにより、電気使用料を約60％削減、運営・維持管理の工夫により薬品費を約50％削減することができました。加えて、ＩＣＴの活用などにより運営・維持管理の効率化を図ることができたのも「セラロッカ」の特徴といえます。

このように高効率かつ優れた省エネ化を実現できたこともあって、「セラロッカ」は国内外から高い評価を受け、公益社団法人日本水道協会が選定する第1回水道イノベーション賞、第17回日本水大賞厚生労働大臣賞をはじめ数々の賞を受賞しました。

このプロジェクトに関連したＣＳＲ活動として、２０１５年度から横浜市水道局と「水源エコプロジェクトW-eco・p（ウィコップ）」協定を締結し、横浜市の水源地である山梨県道志村の水源林保全に向け、水源かん養林の間伐を実施しています。

現在、この水源かん養林は、新入社員が当社事業を理解するための研修の場として、また新たな運転管理手法確立のため、試験的な運用の実証を横浜市と協働で行っています。今後も、横浜市水道局と連携しながら、さまざまなノウハウや貴重な運営現場経験が蓄積されていくことと、期待しています。

セラロッカ

(2)大牟田・荒尾共同浄水場施設等整備・運営事業

2012年4月1日から給水を開始した大牟田・荒尾共同浄水場は、福岡県の最南端に位置する大牟田市と熊本県の最北端にある荒尾市が共同で整備・運営しています。この日本初となる県境をまたぐ共同浄水場の整備・運営事業を当社が受注したのは2009年のことでした。

そもそも、大牟田市と荒尾市は、県境をまたぐものの石炭産業とともに一体となって発展してきた地域でした。炭鉱事業は大正時代以降に急速に拡大し、両市の水道に先駆けて三井炭鉱の専用水道(社水)が整備され、最盛期には両市ともに市域の15%を占める規模となりました。炭鉱は1997年に閉山を迎えましたが、両市には、市が提供する水道(市水)と社水の二つの水道の一元化という大きな課題が残されました。

また、荒尾市では、水源の大部分を地下水に依存していたため、水質変化や水量不足に直面していました。大牟田市も大きな河川や良質な地下水源がないことから、水道事業の黎明期から慢性的に水源確保に悩まされており、新たな安定した水源の確保を渇望していたのです。これら共通の課題に対して両市が連携して取り組んだ結果、新規水源の確保については、熊本県の工業用水の転用により、大牟田市は1万㎥／日、荒尾市は８０００㎥／日の水利権を取得したことで、1日最大で2万６８００㎥の造水を可能とする浄水場の建設が実現することとなりました。

さらに両市は、スケールメリットを生かした設計・建設、運営・維持管理コストの削減などを目指し、浄水場を共同で整備することにしたのです。

国内初の県境をまたぐ共同浄水場は膜ろ過方式に決定

当初、両市は、浄水方式として急速ろ過方式の採用を考えていましたが、家畜由来の寄生原虫で下痢や腹痛を引き起こすクリプトスポリジウムの指標菌が検出されているなどの問題から、同方式での計画推進を見直すことになりました。そこで、大型化が進んでいる膜ろ過方式を検討するため、２００６年12月から4カ月間の実証実験を行うことにしたのです。

当社をはじめとする8社6グループが参加し、さまざまな想定のもとでの実験を行った結果、すべての種類の膜で安定した浄水処理ができることがわかりました。また、両市の調査により膜ろ過方式による浄水場の方が経済性が優位なことなども確認されました。こうした評価結果を受け、正式に急速ろ過方式から膜ろ過方式へと事業計画の変更が行われました。

共同浄水場の整備にあたっては、両市ともに浄水場を持っていなかったため、設計・建設のみならず運営・維持管理のノウハウが乏しく、さらに市民の負担を極力抑える効率的な事業運営が求められたため、民間の持つ各種ノウハウを生かせる公民連携の導入を検討し、最終的にDBO方式の採用が決定されました。

高低差を活用しながらセラミック膜と微粉炭の組み合わせで水質向上

2008年7月、「大牟田・荒尾共同浄水場施設等整備・運営事業」の実施方針が公表

された。この県境をまたぐプロジェクトは国内初となる広域化モデルとして大きな注目を集めました。

浄水量2万6100㎥／日の共同浄水場を3年間で設計・建設し、その後15年間の運営・維持管理を担うという、計18年間にわたるこの大規模プロジェクトの受注に向け、当社（2008年4月設立）は代表企業の役割を担い、プラント設備の設計・施工の業務を担当、施設設計と土木建築はパートナー会社、維持管理はグループ会社が受け持つというコンソーシアムを形成しました。

プロジェクトの推進にあたり営業部門をはじめ、エンジニアリング本部、プラント建設センター、調達センター、サービスソリューション本部、管理本部など、全社横断的な連携・協力体制のもとで提案を練り上げていきました（部署名はいずれも当時）。

浄水方法については、実証実験の結果を踏まえ、セラミック膜と微粉炭の組み合わせとしました。セラミック膜は耐久性に優れており、当時の時点で、膜の損傷がなく交換をせずに11年間使用していた実績がありました。

共同浄水場の原水は、上流にある上の原浄水場での一次沈殿を行っていますが、有機物や臭気、色度、農薬などを十分に除去することは困難でした。そこで、これらを効率良く吸着させる微粉炭を常時注入することで、さらなる水質の向上と通常の活性炭と比べて注入量が抑制できること、また浄水ケーキの発生量を大幅に抑制できることによるコスト低減を提案に盛り込みました。

さらに、原水は約40メートルの高低差がある金山分水場から自然流下で共同浄水場に送水されますが、この自然流下エネルギーを有効活用し、膜ろ過装置に直接導水することで、膜供給ポンプなどの動力装置を不要とする設計を立案しました。

大牟田市と荒尾市のかけはし「ありあけ浄水場」の誕生

2009年1月の入札には3グループが参加し、その後のプレゼンテーションおよびヒアリングを経て、同年3月に当社が代表企業を務めるコンソーシアムが受注しました。浄水施設設計や運転管理業務、水質管理業務などに関する提案が高く評価されたことによる結果でした。

同年4月には「大牟田・荒尾共同浄水場施設等整備・運営事業」の基本契約を大牟田市、荒尾市と締結、同月中に特別目的会社（ＳＰＣ）を設立し、同年6月から共同浄水場施設の設計・建設に着手しました。３年間の設計・建設期間においては、当社の社員が機械・電気部門の垣根を越え一致団結して取り組み、機電融合のシナジーを大いに発揮しました。その後の試運転期間においては、グループ会社を含めた体制で取り組み、両市の担当職員から「非常においしい水ができている」という評価を受けました。

設計・建設開始から3年を経た２０１２年4月1日、大牟田市・荒尾市の共同施設「ありあけ浄水場」は無事に事業運営をスタートしたのです。

この名称は、両市の市民の公募を経て決まりました。そこには「石炭のまち」であった大牟田市と荒尾市がともに面している有明海から名前をとり、名付けられたと聞いています。

また、同浄水場のシンボルマークは、四つ葉のクローバーをモチーフにしており、四つ葉は「大牟田市」「荒尾市」「夢ある未来」「豊かな大地・自然」を、クローバーの中心部は「ありあけ浄水場」を表現しています。茎は「水源となる菊池川から浄水場までの水の流れ」を、茎につながる下のラインは「水源となる菊池川」を表したものです。シンボルマークには「協働・共生の水、明日へ」という文言が添えられています。

ありあけ浄水場（大牟田・荒尾共同浄水場）

獲得した信頼が新たなプロジェクトへとつながっていく

大牟田市は、「大牟田・荒尾共同浄水場施設等整備・運営事業」の成果について次のように述べています。

・本事業は「広域連携」および「公民連携」により大きくコスト縮減を図ることができた
・技術的に信頼できるパートナーを得ることができた
・浄水場を共同施設としたことにより、両市間における水の相互融通が可能となり、事故や渇水等における危機管理対策の強化が図れた
（大牟田市「大牟田市・荒尾市のありあけ浄水場の取組み―県境を越えた水道広域化と官民連携―」より）

また、この資料には「両市それぞれは、事業推進における相談役と技術的に信頼できるパートナーを得ることができた」という記述もありました。このように本事業を通じて当

資料集

社グループが得られた評価・信頼は、後述する「荒尾市水道事業等包括委託」のプロジェクトへとつながっていったのです。

(3) 会津若松市　滝沢浄水場更新整備等事業

２０１４年、会津若松市は、基幹浄水場として、80年以上稼動している滝沢浄水場の老朽化が著しいため、既存の緩速ろ過施設と急速ろ過施設を廃止し、膜ろ過方式の浄水場へのリニューアルをＤＢＯ方式で実施することを決めました。

この浄水場更新事業を当社グループと地元企業によって設立されたコンソーシアムが受託しました。事業期間は２０１４年４月から２０３４年３月までです（運転管理は19年間）。同事業においては、浄水場の設計・建設、運営・維持管理だけでなく、送配水施設の維持管理まで手掛けることになりました。これは当社としては初めての試みでした。

会津若松市では、以前から「浄水場の運転管理に関する業務」と「送配水施設の維持管理や給水装置に関する業務」が第三者委託されていました。この二つの業務についてはそれぞれ受託企業が選定され、選ばれた企業がともに出資する特別目的会社（ＳＰＣ）を設立するという、いわゆる「会津若松方式」が採用されていました。この「取水から蛇口まで」を一貫して第三者委託する会津若松方式のもと、プロジェクトは地元企業とのコラボレーションによって進められました。

具体的には、事業開始時には現場で業務に従事する人員の運営現場の半数以上を地域から雇用し、残りの半数を責任者・リーダークラスとして、経験・技術力のある当社の社員にしました。運営・維持管理期間中に地域の雇用者に技術継承を行い、責任者・リーダークラスを育成して、地域中心の運営体制を構築し、会津若松市の水道を次世代へつなぎたいと考えたのです。

高低差の活用と約５００キロワットの太陽光パネルで運営コストを軽減

２０１８年４月に完了した更新工事では、既存施設を運用しながら、セラミック膜ろ過施設をベースに前処理・後処理設備を加えて更新を行いました。

大きな特長は、高低差を最大限活用してコンパクトな省エネ型浄水場としたことです。具体的には取水口から膜ろ過設備までの水位差を利用してろ過を無動力で行うことが可能となり、従来の使用電力に比べて3割程度低減することを実現しました。また、無動力で膜ろ過施設を稼働できるので、災害時でも安定的な浄水処理を行えることも特長です。

さらに、施設のコンパクト化により、余裕が生まれた敷地を有効利用して、会津地方で当時、最大級を誇った約500キロワットの太陽光パネルを設置し、発電した電力を売電して運営費用にあてています。

ICTを活用し公民の情報共有を推進

運営・維持管理に関しては効率化を実現するため、ICTを活用した「会津スマート水道コミュニケーション（ASC）」を構築しました。タブレットにデータ入力を行い、運営現場状況の把握や点検作業の効率化を図るとともに、点検内容や整備履歴データを蓄積し、保守・点検や設備保全の最適化に活用しています。また、トラブルやその事象を解析し技術継承にも生かしています。

ＩＣＴ活用の大きなメリットは、会津若松市水道部と送配水施設の維持管理を担う地元企業との連携と情報共有が図れ、三位一体となって業務を進められる点にあります。会津若松市は業務委託するとブラックボックスになりがちな運営・維持管理業務を、本事業では、クラウド上で確認することができ、当社としても業務の見える化や予防保全的な運営・維持管理を実現することが可能となるメリットがあります。

滝沢浄水場

資料集

(4) 愛知県　豊川浄化センター汚泥処理施設等整備・運営事業

「豊川浄化センター汚泥処理施設等整備・運営事業」は、下水道事業においてＲＯ(Rehabilitate Operate)方式を導入した日本初の事例でした。ＲＯ方式とは、既存施設の運営・維持管理を行いながら、施設の改築・修繕などを実施していく方式です。

事業対象となった豊川浄化センターは豊橋市、豊川市、蒲郡市、新城市を対象とする豊川流域下水道の処理場で、１９８０年（昭和55年）より供用を開始しており、１９８３年度から１９８５年度に主に汚泥の減容化を目的として設置された消化設備（消化槽２５００㎥×2基、ガスタンク２１００㎥）は、老朽化により休止状態となっていました。

そこで愛知県は、２０１０年度より活用方法の検討を開始し、休止中の消化槽を再稼働して下水汚泥の減容化とバイオガスの利活用を計画しました。いくつかの技術提案を経てバイオガスにより発電した電力を消化槽の電力に再利用することで省エネルギー化を図り、さらに余剰電力を、再生エネルギー固定価格買取制度（ＦＩＴ）を活用して販売し、さらなるコスト削減を目指すことになりました。

同時に、民間のノウハウや技術を活用することで質の高いサービスを享受するため、ＰＦＩ方式の導入を採用したのです。

国内初のＲＯ方式というハードルを越えて入札

２０１４年４月、愛知県より「豊川浄化センター汚泥処理施設等整備・運営事業」の入札公告が行われました。

本事業の参入を検討した民間企業にとって大きなハードルとなったのは、このプロジェクトの最大の特徴であるＲＯ方式への対応でした。

既存汚泥処理施設の更新・修繕費用については、民間企業自らが策定した延命化計画に基づいて見積もりますが、計画において想定されていた以外にも老朽化による不具合・故障が生じる可能性が十分にありました。また、県が支払う運営・維持管理の対価とバイオガス生成物（主に電力）による収入が民間企業の収入となることが予定されていましたが、バイオガスの発生量が不確実であるというリスクもありました。加えて、20年という長期におよぶ事業期間中における市場動向や、FIT法改正などによるバイオガス生成物の単価変動などもリスクとして考慮する必要があったのです。こうした高いハードルを前に、二の足を踏む企業もあったかもしれません。

しかし、当社は自ら延命化計画を策定し、運営・維持管理を実施しながら改築・更新を行うことで得られる新たな知見が、今後、公民連携事業を拡大していくうえで大きな力になると考えました。そのような積極的・挑戦的な思いを胸に秘め、同年5月、当社を代表企業とし、協力企業、グループ企業を構成企業とするコンソーシアムは入札参加表明書を提出しました。

汚泥の減容化とバイオガス発生量の最大化を同時に実現

２０１４年7月、愛知県に事業提案書を提出しました。以下に、提案の概要を紹介します。

ＲＯ方式が導入される既存汚泥処理施設について

・現存する設備を最大限に利活用することで改築・更新費、建設費を低減する。

・ただし、耐用年数を超過し、新技術の導入により消費電力や修繕費の低減が見込める機器については事業期間の早い時期に更新する。

・特に主要設備である脱水機の更新には、当社が開発した最新鋭のベルトプレス脱水機（後注入2液型）を導入することで汚泥の低含水化を実現し、後段の焼却効率の向上を図る。

・既存のプロセスでは、性状の異なる初沈汚泥（炭水化物を多く含みメタン発酵性が良い）と、余剰汚泥（微生物を多く含むタンパク質が主のメタン発酵性が低い汚泥）をそれぞれ別の工程で濃縮していたが、初沈と余剰すべての汚泥を合わせて重力濃縮したのち機械濃縮機で濃縮を行う、全量2段濃縮方式を採用し高濃度汚泥とし、高温消化を行うことで、既設の2基の消化槽での全量消化を可能とし、汚泥の減容化とバイオガス発生量の最大化を同時に実現する。

既存設備の利活用について

・発電効率と信頼性に優れた国産の中型ガスエンジン発電機を導入するとともに、発電機の排熱と焼却の排熱を組み合わせ消化槽の加温を行う「高効率高温消化システム」を採用することで、化石燃料の使用を抑え温室効果ガスを削減する。

さらに、不確実性が懸念されたバイオガス発生量に関しては、実際の汚泥を採取して消化によるガス発生量を予測すると同時に、汚泥の高濃度化によるガス発生量増加分を反映した、根拠のある数字に基づく事業提案を作り上げました。

提案内容が評価され、事業契約を締結

２０１４年12月、コンソーシアムは「豊川浄化センター汚泥処理施設等整備・運営事業」を受注しました。

「メタウォーターグループより提出を受けた事業提案書は、本事業の事業範囲全般にわたり、県があらかじめ提示した要求水準を十分に上回る提案内容であり、ＶＦＭ（Value For Money）も４・３％期待できる優れた内容」

これは、選定にあたった委員会から得た講評の一文です。

その後、特別目的会社（ＳＰＣ）を設立し、同年12月には愛知県との間で事業契約を締結しました。翌２０１５年１月から約2年間をかけて設計・施工を実施し、２０１６年10月1日からは、約20年間（２０３６年3月31日まで）にわたる運営・維持管理業務もスタートさせました。２０１７年2月1日には、豊川浄化センターにおいて、完成したバイオガス発電施設の完成を記念して起電式も行われています。

下水汚泥を消化してバイオガスを生成し、エネルギー資源として再生利用することで汚泥処理費用の低減と温室効果ガスの削減を目指す――この長きにわたるプロジェクトに、社員一丸となって今も全力を挙げて取り組んでいるところです。

豊川浄化センター汚泥消化槽

(5) 大船渡市　大船渡浄化センター施設改良付包括運営事業

「大船渡浄化センター施設改良付包括運営事業」は、その名称に示されているように「施設改良付包括」という新方式による下水道運営事業です。

岩手県の沿岸南部に位置する大船渡市は、世界三大漁場の一つである三陸沖に面し、古くから漁業・水産業を中心に栄えてきた町です。

２０１１年（平成23年）に発生した東日本大震災では同市も甚大な被害を受け、死者・行方不明者数は４００人以上にのぼりました。震災後、公民を挙げてさまざまな復興の活動が行われる中、当社グループも義援金や小型浄水設備の提供などに加え、上水道・下水道の復旧を通じた被災地の復興支援に力を注ぎました。

そうした支援の一つとして、「津波で水処理ができなくなった漁業集落の排水処理設備を何とかしてほしい」という同市からの要請を受け、当時国土交通省と実証研究を行っていたＭＢＲ（膜分離活性汚泥法）設備を、急きょ大船渡市に移設するなどしています。

このMBRは、当社のセラミック膜ろ過エレメントを使用したシステムで、膜に開いた口径0・1マイクロメートル程度の孔で汚水をろ過し、浄化するシステムです。実証段階だったものの、愛知県の処理施設ですでに稼働しており検証結果がまとまっていたこと、コンパクトな設備だったことから被災地への移設を可能としました。

求められたのは将来のダウンサイジングへの対応

震災から2年を経たころ、大船渡市は下水道事業におけるもろもろの課題解決に向けた対応策について中長期的な視点での検討を開始しました。

同市の汚水処理事業は、公共下水道事業、漁業集落排水施設整備事業、浄化槽設置整備事業という三つの事業により整備が進められていましたが、汚水処理人口普及率は63・3%（2017年3月31日時点）でした。この数値を伸ばすべく管渠整備を進めてきた結果、公共下水道の唯一の処理場である大船渡浄化センターの処理水量は毎年増加しており、今後の水量増加に対応するには早急に処理能力を増強する必要がありました。

しかし、施設・管路の整備に充てる設備投資や中長期的な運営コストが増加する半面、人口減少に伴い処理水量は遠くない将来に下降線を描くため、財政は厳しさを増していくことが予想されました。直近の水量増加と将来の人口減少に伴うダウンサイジングに対応した水処理——そうした多くの下水道整備途上の地方自治体に共通する課題の解決策を大船渡市は探し求めたのです。そして、そのサポート役を当社が務めることになりました。

「施設改良付包括」という全国初の運営方式

2013年、大船渡市は当社とともに、国土交通省の「『豊かな海』の実現に向けた下水道の事業運営に係る調査検討業務」に関する企画提案を行い採択された結果、同省のFS調査（Feasibility Study：実行可能性調査）の対象となりました。

これを受け、大船渡市と当社は、同市をモデルケースとして、「豊かな海」の実現に向けた下水道事業の運営について課題解決策や普及展開策などの検討を行い、さまざまな施策を段階的かつ継続的に実行することで、同市の下水道事業に関するKPI（Key

Performance Indicator：重要業績評価指標）の改善は可能との結論に至りました。

２０１４年にも、同じく国交省のＦＳ調査が行われ、２０１３年の調査結果をもとに、今後も安定的に下水道事業運営を継続するための事業手法について有識者を交えて検討しました。その結果を踏まえ、「大船渡モデル」と通称される新たな発注方式が提唱されたのです。同モデルは、浄化センター改築と維持管理をパッケージ化し、かつ状況変化への弾力的な対応も考慮した「施設改良付包括」という全国初となる運営方式でした。

大船渡市とともに未来の下水道事業を創っていくという思い

２０１７年6月、大船渡市は、大船渡モデルを具体化した「大船渡浄化センター施設改良付包括運営事業」の実施を発表し、事業者の公募を開始しました。

その大きな特徴は、施設改良と維持管理を包括的に複数年にわたり民間企業に委託すること、長期ビジョン（20年）の実現を5年ごとに見直すこと、当期期間中に行った施設改良提案・事業評価の結果を次期以降の事業契約に反映させることでした。

事業者は公募型プロポーザル方式で選択され、事業期間は２０１８年４月１日から２０２３年3月31日までの5年間でした。

当社グループは、パートナー企業とともにコンソーシアムを形成し、さっそく提案書の作成に入りました。先に述べた震災直後のＭＢＲ移設工事において、当社は大船渡市と深い信頼関係を構築し、同市の下水道事業における課題や悩みを共有してきました。また、２０１３年には同市と共同提案体を形成し、「豊かな海」の実現に向けた下水道事業の運営について課題解決や普及展開のための検討を重ねた過去もありました。

大船渡市とともに未来の下水道事業を創っていくのは当社グループ以外にない――。そうした思いのもと、プロジェクト獲得に向けて社員たちはベストの提案をするために全力を注いだのです。

技術を結集した提案を練り上げる

大船渡浄化センターには「最初沈殿池→反応槽→最終沈殿池」という水処理システムが

2系列ありましたが、大船渡市は流入汚水量増加に対応するためにさらに2系列を増設し、4系列とする計画を立てていました。しかし、処理系列の増設には多額の費用がかかり、さらに将来的に人口が減少すれば余剰施設となる可能性もあります。

こうしたことから、同市は「従前の計画であった大規模な土木躯体設置を伴う処理系列の増設ではなく、既存の水処理システムを高効率な処理方式に変えることで想定される流入汚水量増加に早急に対応する」ことを本事業における最大かつ喫緊の課題と捉えて、これをいかに解決するかが評価における大きなポイントとなりました。

この課題に対し、当社は自社開発の晴雨兼用高速ろ過システム（初沈代替システム）をコア技術とするソリューションで解決を図るという提案を考えました。既設の2系列の最初沈殿プロセスに同システムを導入することで、土木施設はそのままに処理能力を向上させられます。

これならば、流入汚水量増加と、その後の人口減少による水量変化に対応できるとともに、新たな処理系列を新設する必要もなくなり、大幅なコスト縮減に貢献できると考えました。加えて、老朽化が進む近隣のし尿処理施設の併合などによる将来的な地域バイオマス利活用を見据えた設備の選定、ＩＣＴを活用した効率的なストックマネジメントなど、当社の技術を結集した提案を練り上げ、２０１７年9月に事業提案書を提出しました。

大船渡モデルを成功に導くというパートナーとしての決意

２０１７年10月、大船渡市は当社を代表企業とするコンソーシアムを優先交渉権者に決定、同年12月には契約締結の運びとなりました。

大船渡市都市整備部下水道事業所は２０１９年3月14日付の「大船渡浄化センター施設改良付包括運営事業の取組みについて」と題した資料のなかで、この事業について次のように述べています。

「近年、地方自治体においては、著しい人口減少、少子高齢化、厳しい財政状況などが深刻な問題となってきており、特に、中小規模の地方自治体の下水道経営はますます厳しさを増すことが予想され、今後は新たな発想に基づく事業運営が求められているところです。

今回の大船渡市における『新方式（大船渡モデル）』は、官民連携手法を導入し、一括した中長期的な契約の締結により、処理場運営の健全化が可能となり、計画・設計・建設・改築更新・維持管理を通じて、事業の最適化が実現できるものと考えております。

本事業は、国土交通省の全面的なバックアップにより、下水道を核とした官民連携による全国でも初めての運営方式となることから、大船渡市と同様の課題を抱える中小規模の地方自治体への導入に向けた先進モデルになれるよう、今後も事業を推進して参ります」

大船渡モデルを成功に導く——大船渡市のこの決意をパートナーとして実現するために、当社はこれからも最大限の力を発揮していくつもりです。

大船渡浄化センター

おわりに

「俺は悪者なのか？」

２０１８年末の水道法改正時における「民は悪」という思いもよらないマスコミなどの反応を受けて、私はまるで自分が悪人になったかのような思いを抱きました。自分たちの活動が世間から誤解されている、一体なぜなのだ――と悩まずにはいられませんでした。

このことに限らず、上下水道事業に関わる民間企業とその経営者、社員たちは尽きない悩み・葛藤を抱えています。

まず、上下水道が社会インフラである以上、たとえ当社が万が一、事業をやめることになったとしても、上下水道が存続可能であることを担保しなければなりません。私は経営者として毎日のように自問自答しています。

〝本当にできるのか?〟
〝それは市民や利用者のためになるのか?〟
〝そのうえで社員にモチベーションを与え株主が満足できる利益を産むことができるのか?〟と。

また、水を提供する側と受け取る側のギャップの大きさに当惑させられることも多々あります。

命の水という割には、その大切さが普段は忘れられている水道、もっと忘れられている下水道――その料金が、携帯電話に毎月かかる費用と比較されることもありません。「命の水なら、その価値がもっと評価されてもいいのでは?」と思うのは私だけなのでしょうか。

水道料金は、全国の自治体間で最大で8倍の開きがあるというと大変な問題になります。

しかし、JRの料金は、東京―神田が133円、東京―八王子が799円です。同じ都内なのに、このような大きな差のある事実を指摘して「6倍も違う!」という問題になりません。東京—神田と東京—八王子では線路の長さも電車を走らせるために使う電気代も違うからです。

水道も同じです。水源からの距離や水源の水質によって管路の長さも浄化する電力量も異なります。そもそも、水道や下水道の〝道〟とは管路をはじめとする設備を示す言葉だと理解しています。水道料金は〝水〟ではなく〝道〟の料金です。「水はタダだけどそれを浄化して家庭の蛇口まで運ぶのはタダでは無い」という意味で「水〝道〟料金は水〝設備使用〟料金」とすべきかもしれません。

そう考えると、条件の違う場所で水を使用するのに料金が同じであるのは逆に不合理なのでは?とも考えられます。しかし、水は誰にとっても無くてはならないものであり、その価格はなるべく誰でも入手できるように安価でなければならないのも確かです。さらに、水には割り勘(マスメリット)の特性もあり多くの人が利用することで一人当たりのコストが少なくなるのも事実です。そのためには、新規加入者を増やしたいという欲求が生まれ、理解しやすくお得感のある料金設定が求められます。

「受益者負担」と「税金投入」、「フルコストプライシング」と「ヒューマンライツ」、「私費」と「公費」、水には2つの特性が常に同居しています。そして、市民はこの2つの事実を微妙にバランスを取りながら、曖昧な部分の存在を理解しながら利用しているのだと思います。上下水道の未来を考えるとき、この曖昧な部分が繰り返し論点になり議論されることになります。大規模な上下水道施設の更新が必要になったとき、「受益者負担」だけ「税金投入」だけ、という極端に一方に偏った意見に惑わされずに冷静な判断が必要です。

それから、上下水道の課題に関しては、自治体に資金がないことも大きな問題ですが、人がいないことはもっと問題です。上下水道を担う技術者が一人前になるまでにはどんなに早くても、3～5年はかかります。

これは、日本で技術者がとだえることによる〝ウオーターデフォルト（上下水道の破綻）〟が起きれば、最低3年は元に戻らないことを意味しています。

〝今の上下水道のピンチに対して、民間企業ができることは何か？〟

〝ウォーター・デフォルトを起こさないために私たちには何ができるのか？〟

その答えとして、私たちが考え出したのが本書で紹介してきたＷＯＯＤＡＰでした。

高いビルから望む夜景――一つひとつの明かりのもとに人々の暮らしがあり、そこには水道と下水道が行き届いています。

そして、日々起きる問題に公も民もひた向きに取り組んでいる――上下水道の仕事は一見地味ですが、極めて社会性が高いものであり、クリエイティブでエキサイティングです。

そんな意義のある仕事を、私たちはこれからもずっと努力し続けていきます。日本の上下水道という社会インフラが続くように、〝命の水〟を守るために。ＷＯＯＤＡＰを使って――。

２０２０年３月吉日　　中村靖

【著者プロフィール】
中村 靖（なかむら・やすし）
メタウォーター株式会社代表取締役。埼玉県出身。1981年青山学院大学 理工学部電気電子工学科卒、同年富士電機製造（現・富士電機）入社。同社環境システム本部水処理統括部GENESEED技術部長、水環境システムズ技術本部長等を経て、2008年メタウォーター株式会社の発足に伴い同社取締役に就任。2016年より現職。

本著は、著者が執筆時点で入手している情報および合理的であると判断される一定の前提を根拠としており、実際とは異なる可能性があります。

WOODAP ～上下水道の未来への処方箋～

2020年3月18日　第1刷発行

著　者　　中村 靖
発行人　　久保田貴幸

発行元　　株式会社 幻冬舎メディアコンサルティング
〒151-0051　東京都渋谷区千駄ヶ谷4-9-7
電話 03-5411-6440（編集）

発売元　　株式会社 幻冬舎
〒151-0051　東京都渋谷区千駄ヶ谷4-9-7
電話 03-5411-6222（営業）

印刷・製本　シナノ書籍印刷株式会社
装　丁　　弓田和則

検印廃止

Printed in Japan
ISBN 978-4-344-92610-3　C0036
幻冬舎メディアコンサルティングＨＰ
http://www.gentosha-mc.com/

本書についての
ご意見・ご感想はコチラ